疾如風
職場成功行動學

坂本幸藏

瑞昇文化

不存在無法採取行動的人——寫在開頭

這世上不存在無法採取行動的人。

並不是沒辦法行動，只是找了各式各樣的理由不去行動而已。

原因之一是在意周圍的目光，覺得要是失敗了會很丟臉。另外，不也有因為找不到正確的答案而感到不安，因而變得沒辦法採取行動的情形嗎？像這樣逐漸惡化下去，就會落得只是「假裝」在思考，沒有展開任何行動就結束了的下場。

因為找不到正確答案所以不去行動，我感到這種人正在不斷增加。

說到底，本來在社會上就幾乎不存在有正確答案的問題。

正確答案只存在學校教育的栽培中，雖然不能一概而論，但大部分的內容並不是讓人思考「1＋1」的流程，而是「1＋1＝2」這種制式答案。

然而出了社會的話，制式答案就不得不靠自己來創造。儘管如此，還是會去尋求能告訴自己正解的人或是以前的例子，而這麼做的「聰明人」正在增加。

■在意起「周遭的目光」

「知道決斷這個詞嗎？」

我常常這麼詢問公司裡的成員，因為大部分的人都把從A或B中做出選擇當成了決斷。

但這是不對的。在那個時間點選擇了A或B，而哪個才是正確的，在當下並沒辦法得到證明。

選擇A是正確的嗎？抑或是選擇了B才是正確的呢？這是要經過三年、五年後，甚至要橫跨十年的漫長距離後才能證明的。而這才是所謂的「決斷」，不去行動是不可能達到的。

我想，有幾個無法行動的理由。

其一是無論大小，沒有過「成功經驗」。不管是多小的事情也好，藉由自己的行動而有著「成功了」的感覺的話，就能讓想法轉變成總之先動手做做看吧！而對沒有成功經驗或是經驗很少的人來說，因為不了解這樣的感覺，所以對行動一事裹足不前。

另一個理由是，如果失敗或者沒有成功時會很「丟臉」，這樣的想法先浮上了心頭的緣故。也就是說，太過在意周圍的目光，而無法下定決心去行動。

請好好想一想，周遭的目光能為你開創出明亮的未來嗎？

被其他人稱讚「好厲害」的話，可以滿足被認可的欲望吧！但是，即便滿足了認同感，又能夠保證你的未來嗎？

而周遭的言行舉止也助長了此一風氣。

學生的就職取向就是個顯著的例子。如今依然有許多人，真心地認為能進到大企業或知名企業是很棒的一件事。而因為被人事官錄取可以滿足自己的被認同感，所以學生們都以此為目標，這是理所當然的結論。

■出類拔萃的成果是由行動產生

Cyber Agent 的社長藤田晉先生，曾經在我的部落格上如此寫道：

「『交給我先生』（這是我的外號）儘管沒有好的學歷或特別的能力……。」

就是這樣，我完全不覺得自己在技藝或能力上比其他的人優秀，實際上，也經歷過許多的失敗，做出不少為人訕笑的事。即便如此，由於持續行動而獲得的成功也是不計其數。

在 Cyber Agent 時，半年會召開一次全體職員大會，此時會頒發各種獎項。自二〇〇六年四月進入公司起，能連續兩期獲得新人獎，正是因為採取了行動。

進公司第二年被拔擢到 Cyber Agent 的子公司 CA Technology 擔任負責人，也並非因為能力而是持續行動的結果。

完全沒有培育人才和經營管理的經驗，剛進公司滿第二年的年輕人，卻有著七名第一年進公司的新鮮人部下（成員）。誰都無法說明什麼才是公司經營的正確做法或是作為經營者的理想狀態。

即使如此，我覺得，若是不能為這些交付給我的成員們創造出未來的話，就沒有交給我來做的意義了。對此，我比誰都積極去採取行動，若不用這背影來讓人看見、傳達那可不行，一邊懷抱著這樣的想法，一邊尋找著「做法、理想狀態」的正確答案。

二〇一〇年五月，剛邁入第五年的春天，從 Cyber Agent 離職時，沐浴在來自周圍的辛辣言論中。

「這不是白痴嗎？」

「你這傢伙沒有未來了呢！」

但是，在隔年的六月 Rich Media 創業了，在經過四年的現在，即使仍不完善，也順利以經營者的身分讓公司有所成長。我想，這也是持續行動所帶來的成果。

■比「資質良好」更重要的東西

如今，可以說企業所採用的基準是在追求「良好的資質」。

或許是受其影響，比起以前，可以看見有高度自覺的年輕人正逐漸增加。以能力面來看，比我優秀的年輕人應該是不可勝數。

即使如此，卻看不見年輕人做出相應於能力的成果。而這就如同開頭時所說的，並非無法行動，而是不去行動。再怎麼資質良好，不去行動的話就沒有意義。

結果如何是等以後才會明白。

若能理解這點，讓內心想著「總之先行動」的人增加的話，日本年輕世代的活力不就會更加蓬勃起來嗎？

為此，七年級生要將怎樣的行動銘記在心才好呢？

本書所想傳達的，便是基於這點上面我個人的一些想法。我期盼著各位能夠讀到最後，就算只有一項也好，請試著去實踐。如果我所傳達的想法能成為改變各位行動的助力，那便是我的榮幸。

坂本　幸藏

◆目次

不存在無法採取行動的人——寫在開頭

第1章 在別人開口之前就「先」去做！

1 100％的認真去做了嗎？連1％的後悔也沒有嗎？ 14
2 不行動的話將會錯失成長的時機 18
3 不是「總有一天」，是「現在」就去行動 21
4 一開始就宣告「交給我」 26
5 決定好「在什麼時間前要做些什麼呢？」 31
6 沒有做不到的事 35
7 認真面對「眼前的人」 38

8 在被交付的範圍內盡力做到最好 42
9 只要不行動就是「零勝零敗」 47
10 徹底觀察別人的行動後偷走 51
11 比起「要做什麼」，「跟誰一起做」更重要 55
12 只是從右流到左的單純工作沒什麼價值 60

第2章

用「準備」一口氣拉開差距

13 準備好「比誰都早、比誰都好的東西」 64
14 事前準備中最重要的事 68
15 反省是為了「下次正式上場」所做的準備 72
16 用「數字」與「標準差」來反省成功經驗 75
17 不要以為還會有「第二次機會」 80

18 不要沉醉於「理論之美」 86
19 只有0．001%也好，超出顧客的期待 89
20 並非「去做，還是不做」，而是「去做，還是絕對要去做」 91
21 預先決定好「不做的事」 95

第3章 不去害怕失敗的思考法

22 害怕失敗是因為「聚焦」的緣故 102
23 成果是憑運氣還是實力，是由別人來判斷的 105
24 將猶豫的時間歸零，製作「個人規則」的方法 109
25 選擇本身是沒有「正確、不正確」的 111
26 沒有無法挽回的失敗 114
27 不要輕易地認可上司所說的NO 118

28 聰明地接受上司「指謫」的訣竅 124
29 每天的記錄會使「可重複性」提高 130

第4章

目標是為了超越而存在

30 為什麼我要高舉「奪走藤田晉先生的椅子」為目標呢？ 138
31 徹底地模仿當作目標之人的「思考術」 142
32 沒有克服弱點的閒功夫 148
33 因為沒有前例所以由自己來做 152
34 當月目標「十四天以內達成」為宗旨 154
35 勁敵不是「同期」，而要設定在「最頂尖」 157
36 不要用「好惡」來判斷一個人 161
37 成為「公司外上司」的弟子 165

第5章 為了更進一步地行動

38 用最少的行動獲得最大的回報 170
39 「電話」比電子郵件更為有效的理由 176
40 效率良好地整理大量郵件的訣竅 180
41 思考自己能為團隊做的事 184
42 由自己來婉拒「把自己當年輕人看待」 188
43 讓上司得勝，也會回報到自己身上 194
44 要活用「良好的資質」，除行動外別無其他 198
45 「成功之後再邁向下個階段」是天大的誤解 200
才能的差距是五倍，認知的差距是一百倍——寫在最後

第 1 章

在別人開口之前就「先」去做！

1 100%的認真去做了嗎？連1%的後悔也沒有嗎？

這是在面試完社會新鮮人後，作為慶功，與內定好的成員一起去聚餐時的事。

「不知道該怎麼做才好，很沒有自信。」

有學生透露了真心話。雖然說話時看起來一副沒什麼自信的模樣，但這個學生說他從三歲起就一直在打網球。

「網球？這不是很厲害嗎？光是能一直堅持這點就已經算得上是優點了。把自己拿來跟周遭的人比較然後否定自己，最好還是不要這樣比較好唷！自己想怎麼活下去，或者是自己想要做些什麼，要坦率地承認。假使沒有什麼特別想要的，就想想為了每天的生活要盡力做些什麼才好吧！」

我這麼對學生們說了。

「第一次聽到有人這麼說。」

因為我的一席話，那個學生流下了眼淚。

我認為「對一個人來說，發揮其所長是有意義的」。人為他人所活用，而人也因他人而成長，既然誕生在這世間，就要活用自己的長處來展開行動，希望可以認知到這點。我相信，如此一來能讓自己成長，而根據情況的不同，也為他人的成長帶來影響。

■ 人生只有三萬天

「人生只有三萬天」

偶然間瞥見了 Dropbox 的創辦人，Drew Houston 對 MIT 畢業生演講中的一節。我看著這個數字，想像起眼前排列著三萬根蠟燭的模樣。

然而並非所有的蠟燭都還在燃燒。若將日本男性的平均壽命看成八十歲，人活著大概也就三萬天，**以二十歲後半的我來看，已經約有一萬根蠟燭熄滅，而仍燃燒著的也只剩大約兩萬根**。一邊想像著，一邊為只剩兩萬根蠟燭一事感受到了衝擊，放在滑鼠上的食指有好一陣子動彈不得，就連捲動螢幕的畫面都沒有辦法。

「這樣下去可以嗎？明明每過一天蠟燭的火光就會跟著熄滅一根，而我有100%**的用心去做了嗎？連1%的後悔都沒有嗎？**」

由於我是經營者，不能不去考慮那些跟隨我的成員們的蠟燭，儘管如此，當時的我卻沒有自信能一口咬定地說出自己「沒有後悔」。

■ 盡早發現「不行動的風險」

人生只有三萬天，有多少人思考過這種事呢？

或許年輕人會覺得時間是無限的也說不定，一直到幾年前我也都還是這麼想，然而**人生所剩餘的時間，遠比想像的還要來得更少**，即便是二字頭的人也毫無例外。

人生無法預料。也許明天就捲入了意想不到的意外中輕易地死去。

蠟燭說不定會突然熄滅，當想到這裡，理應會把現在所活著的每一分每一秒全都視作自己人生的食糧才是。若能理解這點，也就應該可以明白**比起採取行動所產生的風**

險，不去行動才更加地危險。

最好要盡早注意到這點，我可以如此斷言。因為藉由認知而有所改變的行動，會成為往後成長與否的決定性因素。

為了得到他人認同，為了不被其他人否定，在當今的社會中有很多人一邊留意著周圍的目光一邊過著日子，然而當理解到人生有限之後，希望可以明白別人的眼光是怎樣都無所謂的。

「在每一天的生活中，為了讓今日的自己發揮出比過去更佳的表現，要怎麼行動才好呢？」

像這樣的想法會成為行動的原動力，進而不再害怕失敗，成為打造出百折不撓之心的泉源。

2 不行動的話將會錯失成長的時機

成功的經驗，只能藉由行動來產生。

而體驗過成功的人，同時也累積著失敗的經驗。

體驗了失敗，感到挫折後就終止行動的人無法培養出自信。重要的是，在累積起失敗經驗前，確實做好心理建設。

失敗之後有什麼想法呢？

從失敗中學到了什麼呢？

在僅僅三萬天的人生中，失敗後就不管了嗎？

要成為自己理想中的模樣，不改變行動是不行的。要藉著行動來累積微小的成功體驗，並從失敗的經驗中學習。

人只要沒訂定好期限，就會覺得有無限的時間。不規劃好期限並展開行動的話，失敗是連結不到成功上的。

無論是人還是事業都一樣，當要成長時會一口氣地成長起來。

成長必須要有時機的配合，可是卻不知道成長的機會何時才會來訪。若不想辦法一邊提升自己的速度，並一次又一次地試著靠近的話是捕捉不到這份機會的。也就是說，為了掌握成長的時機，唯有行動。

「正在尋找時機。」

在商務的場合中屢屢能聽見這樣的藉口。**成長的時機並不是靠著尋找就能發現**，若是靠著摸索就能了解的話，無論是誰都可以不用那麼辛苦就獲得成功了。

也有人錯把蒐集情報當成是發現機會，但這跟尋求正確答案的行為並沒有兩樣。思考後才採取行動，在這段期間成長的時機很有可能就這麼溜走了。時機並不是靠尋找，而是在大量的行動下才能去掌握的東西。

「累積更多經驗之後再說。」

這也是常常聽見的藉口，**說要等累積起經驗，但這樣是沒辦法掌握機會的。**

不過，並不是說經驗就完全派不上用場，若要在積累起經驗後再來行動，就應該如先前所說的規劃好期限。要是執著於累積經驗，無論過多久都無法向前邁進。

主動地「展開行動」，時機便會找上門來

雖說要去行動，但在別人開口之前就行動是相當重要的。

在別人開口後還沒有動作那就是單純的怠慢，而開口後才行動也不過就只是處理任務，這樣無法捕捉到成長的時機。

「在別人開口前行動」所要表達的，並非只是趕在上司催促或要求確認之前先行報告而已。

在某個人從背後推自己一把之前，自動自發地來挑戰。像是體察並提出連客人自己都沒有注意到的期望，**當由自己決定開始，積極地採取行動時，貼近成長時機的速度將會提升，而接觸次數也隨之增加，因而得以提高遇上成長機會的機率。**

3 不是「總有一天」，是「現在」就去行動

作為不肯立刻採取行動的理由，有許多人會把「能力不足」掛在嘴邊。而對行動，則是覺得經驗不足所以「還早」。

我真的很討厭「還早」這個詞，那要到什麼時候才會覺得「不早了」呢？「還早」一詞，是在開始之前就將行動給否定了，這世上真的需要這種詞彙嗎？

■ 會讓人覺得「還太早」的遠大目標所帶來的效果

Rich Media 所經營的網站曾在幾年前，對六個月後瀏覽人次目標設下了一個在當時幾乎無法達成的數字。

「這個目標還太早了！」

底下的成員做出這樣的回覆，而我則是反駁了他：

「不要覺得現在不可能、還太早然後就放棄了，去想想一直以來工作的方法，要做出什麼改變才有辦法達成吧！」

我是認真地覺得，這些成員是有辦法達成的。

會出現「還早」這句話的時候，便是挑戰巨大目標的機會，也是改變自己工作做法的契機。覺得還太早的這種想法，無非是自己放棄了這個機會。

高高舉起這種遠大的目標，將工作的方法從零開始重新檢視並藉此來改進，而成果也將會劇烈地增長。以結果來看，六個月後的目標順利地達成了，要是那時因覺得「還太早」而推遲的話，或許就沒有今日的成長了。

同樣的詞彙還有「沒辦法」，這個詞彙也不需要。因為沒辦法這句話，是把放棄尋找做法當成了前提。

更進一步的說，我覺得「總有一天」這句話也是不需要的。

「總有一天會去做。」

若從公司成員的口中聽到了這句話，就會很想在當下說出「那現在就去做啊！」。

總有一天，就是沒有決定好期限。那麼，為什麼非得要限定期限不可呢？

這是為對方著想的緣故。

若沒有明確的日期，對方會難以採取行動。當從客人那邊收到了要解決的課題時，**若以「幾月幾日幾點幾分前提交」這種以分為單位的方式來告知日期的話，就能讓客人處在易於掌握時間的狀況中。**然而理解這點的人，意外地相當少見。

■ 徹底把「決定期限」當成是理所當然的事

決定期限，讓行動不得不趁早開始。

此時，在 5W1H 中思考「為何（Why）與如何（How）」會非常地花時間，因此我對公司的成員們下了指示，在「何時（When）、誰（Who）與什麼（What）」，這 3W 已經明確的階段下就開始採取行動。對客人就不用說了，對搭擋或是對公司內部來說當然也要如此。

將這理所當然之事貫徹到底，不久就會變成一種信賴。那些人稱優秀的生意人們，無一例外地都會為事情訂下期限。

對於決定期限的重要性，大部分的人應該都明白了才對。儘管說著理解卻又不去訂下期限，是因為不想告訴大家其實自己並不明白的這種傾向。

沒有能做到的自信。沒有能辦到的要素。沒有正確答案。

因為沒有確切的信心所以想弄得曖昧一點。而這種曖昧不明，無非就是在辦不到時用來辯解的藉口。

限定好日期，並展開行動好讓它能在時限內完成。而此時，假如真的沒辦法完成，我想也只要說聲「對不起」就可以了。因為我覺得，與其把沒辦到的事實當成問題看待，不如去追究辦不到的原因就好。

很多人都覺得「失敗就出局了」。因此，才在沒有確切信心的情況下避開了行動。

理由有二，一個是減法思考較為強烈。

減法思考較強，就不會去考慮為了完成什麼該怎麼做，只是一味地去思考為了避免失敗該做些什麼。

像大企業那類人多的組織，為了取得統一的管理而漸趨保守。雖說不能一概而論，但說不定想要保護現有的成果，這個結構本身就有問題也說不定。

而另一個，則是讓失敗的人擔起責任的風潮。

在運動的世界中，如大聯盟的野茂英雄或是足球的三浦和良選手等，這些踏出第一步的人會被給予讚賞，對於成功還是失敗則相對地不怎麼重視。

本來工作也該是這樣。儘管如此，卻由於在工作中並沒有對行動後的失敗給予讚賞的風潮，所以誰都不想去做。

這種失敗後有人會在背後指指點點的環境必須要有所改善。

要創造這種風氣，不是指責失敗，而是讚賞其踏出的第一步，說聲「做得好」。之後，再對為什麼會失敗，進行徹底而深入地思考。這種結構才是最重要的。

周圍環境的問題先放在一邊，自己也要避免「失敗就出局了」這種想法才會比較好吧！

4 一開始就宣告「交給我」

從以前開始，我就毫不害臊地說著「交給我」並宣告自己的目標。部落格的標題也是『「交給我先生」的感謝部落格』。

但起初並不是講「交給我」而是說「我來做」，也就是由自己來做，這種第一人稱的程度。

該做的事全都去做。

不管上司交代了什麼工作，都以「Yes」承攬下來。

因為我想，**要是全部都接下來，就能理解上司下達指示的意圖**。之所以全都用「Yes」來承攬就是為此。

不過，進入公司第一年所能處理的工作量可想而知，雖然不停地接下工作，但是漸漸變得沒辦法馬上就處理好。

於是，周圍的人們開始傳授我一些有效處理工作的訣竅，或是工作的安排方式。其中也有說著「這些我來做吧！」而伸出援手的人。就結果來說，替我製造出了可以專心完成自己該做之事的環境。

當察覺到時，我本身的工作處理速度已經變得更快，可以處理的工作量也不斷地增加，開始拿得出成果來了。

■之所以說「交給我」的理由

不久，心裡便湧現出想對伸出援手的人們報以感謝的心情。當有了這個想法，不知何時開始，「我來做」就逐漸變成「只能去做了」、「只能去做了，不做不行」。

之所以做這樣的宣言，是為了給自己壓力，不得不去完成自己說過的話。並且，也認為自己要做出更好的成果來，作為給身旁人們的報答。

但是不管「我來做」或是「不做不行」，畢竟都只是自己一個人的問題而已。越是工作，越是獲得成果，就越會開始注意到，自己一個人能做到的很少，重大的工作一個人是沒辦法完成的。

「各位請看這邊！承蒙各位每日的相助，我一定以『交給我』的這種氣魄來實現」。這便是「交給我」所想表達的意義。也就是說，想讓周遭的人完全理解自己的主張。

越是實現自己的宣言，越是聚集起周圍的信賴，並從公司職員、上司以及前輩那裡獲得了關愛。更進一步地說，願意支援我所宣示之事的人們，從周遭開始聚集了起來。

「因為那傢伙正在挑戰，就幫個忙吧！」

自己無法獨自解決的問題，若借用了前來支援的人所擁有的智慧，就能以非常快的速度順利解決。

因為就連在公司外也持續地宣告著「交給我」，客戶也開始變得會主動來找我。

「雖然現在我們公司與你們的競爭對手，也就是A公司在進行合作，但仍想要跟你這邊合作的話，怎麼做才好呢？」

持續地宣示要成為業界第一，是有重大意義的，因為會自然而然地去考慮成為第一的對策。想弭平第一與現在的自己之間的差距，這種態度會自顧自地散播出去。而客戶們知道了這點，在我身上聚積起期待。不久後，宣言與實際成績連結起來，於是乎，周圍的人們也開始動了起來。

■ 比起「不去做而後悔」，「做了而後悔」才能讓自己成長

剛開始發出宣言的時候，會被人嘲笑是空口說白話吧！

我也是如此，被嘲笑就好像家常便飯。但是，由於在心中一直有著比起「不去做而後悔」，「做了而後悔」是比較好的想法，所以完全不在意。

此外，也堅信著人會確實地成長。**若在人生中有非做不可之事，那麼去實行的人便是自己。這種時候，其他人會怎麼說的這種「標準」是沒有必要的。**

而進一步地說，當宣言的內容越是遠大，越是會引起覺得「還早」的心理反應。但是還早的想法，不外乎是以他人的標準來做衡量。

標準不該用別人的，而是用自己的標準。明明人有著各自不同的標準，卻因為想在眾多標準中取得平均值，所以才會有「不想做出宣言」、「不想被批判」的心理。

自己想成為什麼模樣？

只要擁有這樣的想法，自己的標準無論多大都沒關係。沒有必要去理會其他人的渺小標準。

5 決定好「在什麼時間前要做些什麼呢？」

本書前文提到了「聰明人」的表現法。

意思是指教導別人正確答案，或是探尋前例的優秀之人，是我個人特意帶著挖苦涵義的說法。

我所進入的 Cyber Agent 公司，同期有一百個人。雖說自吹自擂有點不太好意思，但我們稱呼自己為「黃金世代」，大家各自懷抱著由自己來改變公司的熱情，埋首於工作之中。

我想有很多人都知道，由 Cyber Agent 所經營的「Ameba 藝人部落格」。將這個 Ameba 藝人部落格，自一片混沌的狀態中從無到有打造出來的，便是我的同期。

以他為首的一百名同期中，比起考慮後再行動，邊思考邊行動的人佔了多數。我覺得這也刺激了我，成為得以做出成果的原因之一。

■使「該做的事」明確化的秘訣

而另一個能做出成果的原因，那就是設定目標。**在什麼時間前想做些什麼，經常對這一點保持自問自答的狀態。**

設定目標就是決定好最後的終點，藉由從終點反推來落實行動，我覺得是非常重要的。若在自己心中決定好「什麼時間前想做些什麼」的話，當反推之後，就能明白現在必須去做的事。

就以打自由搏擊打到死的目標為例吧！

當到了老年，真的快死的時候不可能還有辦法打自由搏擊，這點很好理解。身體可以自由活動到幾歲呢？到這個年齡之前有什麼是非做不可的呢？正是因為設定好了最後的目標，才有辦法像這樣來反推。

我用A４紙製成了一份三百六十五天的日曆，趁著年初時擠出了一點時間，用黑色的筆，在日期之外加上了短短的訊息。

「人生還剩下〇天，你有好好地努力嗎？」

「一年有八千七百六十小時，你是否沒有浪費任何一小時地生活著呢？」

每天出門上班時，就看看這些訊息打起精神，甚至有覺得被這些訊息拯救的時候。

■是偷懶呢？還是堅持到底呢？

只剩三個工作天就是月底的結算日，儘管如此，目標達成的狀況卻相當不樂觀，也曾有過這樣的情形。正當半放棄地覺得這個月可能沒辦法的時候，當天日曆上所寫的訊息映入了眼簾。

「最後一哩路，是否毫無後悔地奔馳著呢？」

瞬間驚醒過來。

「我就是為了這個目標而努力，所以不能偷懶！在這裡懈怠的話就沒辦法達成了！」

從那一刻起，用盡電話、傳真、電子郵件等一切手段，對所有可能的顧客進行聯絡，展開如怒濤般的業務活動。幸虧如此，總算得以在月底達成目標。

新人時期的我，最終目標是超越所有前輩成為頂尖的 Cyber Agent 營業人員。因為預先明確好最終的目標，並且不時去確認，因此不曾有喪失鬥志的時候。

一個月內接獲超過一億日圓的新事業開拓訂單，在進公司第一年的三月就繳出了這樣的成績。當時我所待的大阪分公司內，沒有任何一個營業員一個月的訂單金額超越一億日圓。雖然整個 Cyber Agent 內的營業員有好幾百人，但聽說達成過一億日圓的也只有少數幾人而已。

處於困境中，很容易就會意志消沉。若能知道高明地控制它的方法，即便感到挫折，也能支撐著一直努力到最後。

而即便最後失敗了，也能夠向著下一次的目標邁進。

是在最後鬆懈下來停止奔跑呢？還是用盡全力拼到最後呢？我相信，這種小細節所累積出來的差異，在不久之後就會成為巨大的不同。

6 沒有做不到的事

並非只有設定目標，我也很重視將目標向周遭的人宣告並許下承諾。這起源於年少時的經驗。

我的母親以一介女流撫養我們兄弟長大，這樣的母親有句像口頭禪般常說的話。

「沒有什麼事是做不到的」

現在回想起來，母親之所以向我們如此宣告，我想是為了要振奮自己。人並非多麼堅強的生物，**藉著這樣的宣言，構築起得以為了某人而去努力的狀態。**

進入 Cyber Agent 的我也一樣，向好幾位大阪分公司的上司宣告了「要使大阪分公司成為更有衝擊力的組織」。

社會新鮮人的第二年成為子公司經營者的時候也是，對著時任 Cyber Agent 執行幹部石井洋之先生宣告「要成為業界第一，報答與我有關的人們」。

我與我的顧問，Link and Motivation 的小笹芳央會長以及麻野耕司先生（現任 Link and Motivation 執行幹部、Rich Media 外部董事）之間，交換了這樣的約定：

「要打造出世界代表性的最棒作品（組織）！」

對我來說，想打造的不是因事業而有的組織，而是因組織所生的事業，在這個想法下進行經營。無論是多麼出色的戰略還是產品，將其孕育出來的畢竟是人。我想，若能聚集起有相同想法的夥伴，便能成就大事，也就是說，我相信組織能力和意志，將會最大化企業策略和服務內容。**若有交換或約定的對象，無論發生了什麼事，都不會就此意志消沉。**

■實行約定便能聚集起共鳴和信賴

宣示目標也會提升向目標前進的速度。這是因為可以經常保持著高張力的狀態，向著目標行動之故。即便有什麼突發狀況或是麻煩，應該也能輕易取回包含鬥志在內的各種狀態才對。

如果做出宣示的話，便會聚集起來幫忙的人。人為了他人而行動，這是因為被蘊含在宣言中的「認真」所感動的緣故。

「一般人會醉心於有能力之人，而有能力之人則會醉心於有夢想的人。」

這是我很喜歡的一段話，每天都能感覺到人被志向、夢想以及信念所牽引。要說為什麼的話，因為當有著想做但自己無法去做的情況時，會將自己的心願託付到其他人身上，正因如此，才產生出想要去支援的感覺。

「工作必須由自己來完成。」

許多人都有這樣的誤解。不管是多麼優秀的人，僅憑一個人是無法成就大事的。

越是優秀的人，越是擅長從周圍聚集起支援者。他們知道可以藉由宣言，讓支援者聚集到身邊，也知道憑藉著交換約定，能夠提升自己的動機。

7 認真面對「眼前的人」

投入職場後開始注意到，工作的大小是「與顧客共同感的總和」。這裡的共同感所指的，是複數的人「用相同的觀點與想法看著同樣的未來」。

我們是以提高客戶的滿意度與價值來獲取回報，那些有辦法比其他人提升更多營業額的人，是處在與支付回報者擁有共同感的狀態中。

考慮著客戶，連在感覺或感情方面都能講出相同的話。

一般買東西時，是在考慮優點與缺點之後下決定。然而，並不能說絕對只有這樣，我覺得也有買下賣方的夢想與他個人價值的一面。換句話說，就是在考慮能不能聚集起共同感。

■ 甚至掌握了老客戶去上廁所的時間

過去在 Cyber Agent 時期曾與某位客戶有所來往，並且接過他一個月內數千萬日圓的訂單。隨著訂單金額的提高，無疑地，各式各樣的應酬也跟著增加。

每天早上出門上班後，我便會將客戶的業務管理，以電子郵件的方式持續寄送給他。這個主意是想減輕客戶的負擔，也讓自己的行程管理得以完善。在進行的這段期間，就連客戶上廁所的時間都可以掌握。

那位客戶對我的行動給予了相當的評價。最後，就在第二年我要往東京赴任子公司幹部之前，那位客戶在商品欄仍然空白的情況下，給了我一張數千萬日圓的訂單。

「想寫什麼就寫什麼吧！」

這顯示出了他對我的最高評價以及共同感。後來，在 Rich Media 創業之後，偶然遇見了身為其他公司負責人的他。當時才剛創業不久，完全還沒建立起作為一家公司的信用。儘管如此，那位客戶也沒多說什麼，只對我說了「請把契約書帶過來吧！」

當我把契約書交給他，他便主動地在金額的欄位上寫下一千萬日圓，並在商品欄依舊空白的狀態下蓋好了印章。

「寫你喜歡的品項就好。既然是坂本君說的那就可以信賴，所以要好好地考慮適合我們公司的東西唷！」

很明顯，這位客戶並不是在買東西。被認真面對客人的我所採取的行動與想法引起了共同感，才會有因為是坂本君所以交給他就可以的想法。**想要完成目標的強烈心願，為了實現目標並給予客人高價值的覺悟，正是有這些的累積才得以獲得共同感。**

■跑在為了達成目標的最短路徑上

我會向客戶訴說未來願景，來作為獲得共同感的方法。

關於客戶業界的動向、與網路上有關連的動作、其他競爭公司的活動等，以這些為基礎，談論現下所應該採取的策略。

由於是從對客戶有價值的最終目標來反推，所以並沒有讓客人買下各個商品清單的那種想法。而這個最終目標，重視的並非顧客要的正確答案，而是以優先考慮顧客的價值為立足點。

「為了提升您的價值所以想這麼做，您覺得如何呢？」

像這樣來詢問的話，就能聽到顧客自己這麼說：

「坂本君，這不對啊。不如這麼做吧？」

「不錯的提案呢，那就這麼做吧！」

要是能獲得共同感，是不是正確答案就變得沒什麼關係了。

要達成自己的目標，不做出成果是不行的。而要做出成果，不讓眼前的人感到開心是不行的。

與十年資歷的同行相比，新鮮人的能力顯然遜色不少。既然贏不了，就只好把自己也推銷出去了。為了兜售自己，打招呼和禮節自不用說，還要徹底地替對方思考。

「沒人比我更在意你的未來！」

將這點傳達給對方來獲得共同感，我覺得是為了達成目標的最短路徑。

8 在被交付的範圍內盡力做到最好

所謂的成長，就是一直以來辦不到的事情，變成可以辦到。

想從辦不到變成辦得到，就應該去挑戰自己做不到的事。為此，需要速度與決定權。來挑戰辦不到的事，要下這樣的決策沒有一定程度的決定權是難以做到的。而且，挑戰也必須要配合成長的時機，所以不得不留心速度，持續地進行。

■ 將海外事業交給進公司第十八天新人的原因

先不談速度與持續，什麼是決定權呢？

決定權是指可以自由決策自己要來做什麼，並對此負起責任。以 Rich Media 的例子來說，就是將印尼事業的負責人，冷不防地交付給一個進公司才第十八天的新鮮人。

對組織來說，委託決策權需要有讓人可以接受的實際成績。由於他在還是實習生時就開發了兩個事業，所以非常有這份資格。在實習打工還剩下幾天的某個日子，和他進行了面談。

「想成為全球性企業的經營者」

他對我述說了這樣的願景，於是我緩緩地向他宣布：

「這樣啊，那下個月開始在印尼成立新事業吧！」

「啊？」

他露出了茫然的表情，不過馬上恢復過來並說「我會努力的！」給了我一個暢快的回答。

「居然把開拓新事業交給新鮮人，真是下了決心啊！」說不定會有人這麼覺得。但是即使沒有順利進行，經過挑戰後的新鮮人職員也能有所領悟並獲得成長，以整個組織來看，我確信這份投資能產生相應的回報。

除此之外，我也認為這會成為他個人的資產。

正因為挑戰了「做不到的事情」，所以「辦得到的事」才會增加。我相信，這種環境將會使人成長。成長的機會總是突然來訪，並且，會在不清不楚、不為人所知的狀態下來到。

這麼想的話，就不該過分顧慮風險而不採取行動，重要的是在被託付的領域與範圍中，帶著用盡全力來獲取成果的決心。在被決定好的框架和種種限制中，依舊不停地思考並行動，人才會開始有所成長。

■「想到什麼」就做什麼

前面已經提過，我在進公司剛滿第二年不久，就被任命為 Cyber Agent 子公司 CA Technology 的負責人。

說實話，當時的印象只覺得是個莫名奇妙的人事命令。

既沒有經營管理的經驗，也沒有帶領過組員或是後進，對這七名成為我下屬的新鮮人，完全不知道要怎麼來培育才好。但是，我改變了自己的想法。

「若不能好好培育起這七個人，我就沒有任何價值了。想到什麼就做什麼吧！」或許真是多虧了當時的那個想法。我與直屬的成員們一起開檢討會，確認管理與進行狀況，並對他們每天所寫的日報，全都給予仔細的回覆。

此外，更拿一本筆記本寫下關於七個人的日記，有點像是父母記錄子女成長的育兒日記。「對〇〇訓斥得太過了」、「〇〇提的企劃案非常好」等等，即使一天只能寫短短一行，也還是每天都留下記錄。

他們到Cyber Agent本部接受培訓時，本部那邊出了一項作業：「請上司將對你們的長處及需要改進之處，做成意見回饋表帶過來」。其他單位（子公司）的新鮮人，回饋表的內容似乎都只有一到兩行左右，而我則對各個成員，寫下了三張A3紙左右的內容。他們開心地向我報告，那個數量讓研習會場中發出了驚嘆之聲。

也有進行過業務的角色扮演練習，並一起考慮各自的生涯規劃。

第二年的我毫無保留，對所有的事情都用盡了全力。

一邊指導七個人的同時，當然還是要處理自己的業務、做出業績。因為加進了沒體驗過的事務，導致做不出被交付業績，這種藉口是沒有用的。而在我心中最最希望的，是讓這七名相信並追隨我的新鮮人，他們的心願得以成為具體的成果。

當時的平均睡眠時間，一週大概只有十個小時。我認為，正是因為那時的經驗，才體悟了經營管理的精神。

9 只要不行動就是「零勝零敗」

無關乎年齡和年次，只有持續行動的人才會不斷地成長。

從來沒聽說過無法行動的人會有所成長。因為只要不去行動就不會經歷瓶頸，也不會碰到做不到的事情。只要不行動，就不會因失敗而被訓斥，也沒有機會體驗從做不到變成做得到的瞬間，因此，成長的機會是不會來訪的。

我曾經把往關西發展的負責人，託付給一個 Rich Media 的創業成員。當我說想交給他的時候，他連回了兩次「好！」給了我一個痛快的答覆，然後，痛快地失敗了。當我第二次交給他時，「好！」一他又一次痛快地回覆了我，然後，也又一次痛快地失敗了。

並不是想當成笑話來講。他對失敗一事想必感到相當懊悔吧！更何況「失敗兩次」的事實，今後也會跟著他吧！**然而比起什麼行動也不做的「零勝零敗」，行動後添上「零勝一敗」、「零勝二敗」這樣的勝敗是有其價值的。**以那份經驗中獲得的領悟為基礎，當他心中想策劃什麼的時候，應該會變得更加容易才是。

我覺得行動力對二字頭的年輕人特別有效。藉著行動來累積經驗值，若累積起成功經驗的話，工作的運作就會變得相當順利，但是二字頭的年輕人並沒有這些東西。想要得到經驗值和成功經驗，唯有行動。

若不在二十歲的期間儘快獲得這些，到三十歲有了成員（部下）的時候，會因經驗值和成功經驗短缺而感到困惑吧！

■ 行動是「質」重要還是「量」重要呢？

也有人會說，比起沒頭沒腦的行動，行動的質不是更重要嗎？而這種人經常會說出這樣的話：

「比起做十次成功一次，還是做五次成功兩次比較好！」

我覺得這並沒有錯，並不打算否定追求行動的質感。但即便如此，我還是覺得**年輕時比起追求質，追逐量會來得更好**。因為後者只是成功率看起來較高，大多沒有什麼可重複性，所以對我來說，這句話聽起來只像是推託的藉口。

仔細一問，因為前輩的建議而這麼想的人占了壓倒性多數。但由於給予建議的前輩是有大量工作處理經驗的人，因此才有辦法這麼說，對經驗稀少的年輕人來說並不適用。

■ 要注意聽取建議時的「陷阱」

不管是誰，在聽取建議時都遺漏了經驗值不同的觀點。

在多數情況下，前輩或上司往往會依據自己的經驗，把結論當成建議而省略掉過程。但是，我覺得**知識要成為經驗，有「內隱知識↓外顯知識↓經驗」這三個階段**。

從什麼都不知道→知道為「外顯知識」的階段。若對建議囫圇吞棗，就只會停留在這個階段。必須要讓外顯知識變成體內的經驗，為此，若不親自採取行動，並取得「行動十次可以成功八次」的可重複性的話，就談不上是成為經驗。

如果只是想著五次成功兩次就好的話，是沒辦法提高可重複性的。不該追求五次中的兩次成功，首先應該要從追求十次中的一次成功開始。有了這樣的過程，才首次得以掌握五次中成功兩次的能力。

並且，也能掌握名為爆發力的武器，讓自己得以迅速地行動，所以能在周圍的人注意到之前就採取行動，在起跑的階段就與競爭者拉開相當的差距。

「比別人多實行十倍，比別人多失敗五倍，並做出兩倍於別人的成果就好！」

這是我所尊敬的雅虎公司宮坂學社長所說的話。不能只是從別人那裡聽到就覺得自己也辦得到了，要以自己獨特的做法來行動，並為了讓它成為自己的經驗，在反省之後再一次展開行動，像這樣反覆地進行是非常重要的。

10 徹底觀察別人的行動後偷走

我在 Cyber Agent 中做為實習生打工，是從大學四年級的八月一直到要畢業的大約七個月間。在一百人的同期中，有兩、三成的人都進行過實習打工。當世上許多大學生享受著畢業旅行時，我們正默默地工作著。

不過，並非心不甘情不願。在記憶中，工作的同時有種確實地朝著自己的目標前進的感覺，因而相當地開心。而且居然在體驗這樣的事的同時還能拿薪水，心中相當感激。

當時強烈地注意到的，**是面前一位有十年資歷的前輩**。

「一定要贏過這個人！」

深深地這麼想著。要贏過知識、技能都很豐富的那位前輩，首先必須要將前輩在做的事變成自己的東西。於是，我便想好了要**徹底地觀察那個人並偷走他的能力**。觀察他打電話的方法，來學習說話的技巧、應答的方式以及打電話的時機等等。而為了模仿企劃書的做法，也厚顏無恥地向他拜託：

「那份企劃書可以讓我也觀摩一下嗎？」

研究到像是要把企劃書看破了一樣。

業務企劃人員（廣告業務）在產品的委託以及諸多事務的處理方面，有許多地方與行政部門有關。

前輩他在外出跑業務前會先到行政部門露一下臉，通知自己「要去討論這個提案」，並在回來之後，直接先到行政部門報告協商的結果。

這是為了依據客戶的聲音，向行政部門的人仔細傳達「希望在什麼時間之前做些什麼」的要求。當得到了行政部門的支援，議案的品質就能提高，並連帶著讓單價也跟著提升。而這些又反映在目標業績上，讓前輩進入了良性循環中。就如同這位前輩一樣，所謂「擅長工作的人」是善於向周遭尋求支援的。

我也馬上開始模仿前輩的行為，每天都到行政部門去露臉。

「因為完全搞不懂這份資料的做法，可以幫我一起做嗎？」

「這樣下去會變成很拙劣的資料，可以幫幫我嗎？」

「雖然突然拜託很不好意思，可以麻煩你來制訂計畫嗎？」

或許是因為有很多女性職員，所以才對每天前來的「可愛」小伙子投以好意也說不定。

不要把「客套」和「體恤」給搞錯了

藉由宣告目標，協力者會不停增加，不過只有這樣是不夠的。重要的是親自將周圍的人牽引進來。

可以聰明地向上司或前輩尋求協助的人以及做不到這點的人，他們之間的不同，我想是有沒有誤解客套與體恤的差別。因為是要麻煩上司和前輩，必須要有最低限度的體恤這自不用說。然而，並不需要客套。希望人家教的事情就說要人家教，希望對方做些什麼就應該清楚地說要做些什麼。只要明確地說明為什麼想委託的理由，就無關乎上下關係而能讓對方展開行動。

為什麼會想客套呢？

這是因為恥於說錯話的緣故。我也常常在拜託上司及前輩時，被人劈頭大罵「你在說什麼鬼啊？」但是耐心說明的話，還是能勉強獲得對方的理解。在這麼做的期間，自己請託別人的能力也會有所提升，所以表達能變得更加簡潔明快。

不管是誰，公司、組織、市場——。

經常看見有人用自己無法行動作為藉口，尋求其他人的幫助。**但即使以其他人為主體展開行動，也沒有辦法聯繫起自己的成長。要開始做些什麼的時候，就應該選擇自己所能控制的事物。**

而可以控制的，只有自己。既然如此，就不要誤解客套與體恤，將周圍的人捲入，並且不要害臊地去模仿自己覺得優秀之人的行動。我覺得這就是成長的第一步。

11 比起「要做什麼」，「跟誰一起做」更重要

「找不到想做的事啊！」

在新鮮人面試中與他們推心置腹交談時，有十之八九的人會說出這樣的話。真正想做的事情不是那麼簡單就能找到的，特別是人生經驗還不多的年輕人，要在短短二十幾年內找到是不可能的。

儘管只是現階段還沒找到想做的事情，卻因此否定自己、喪失自信，變得沒有辦法展開行動。我覺得**在年輕時，就算找不到想做的事情也要認同自己，這點非常重要**。人並不是為了別人而活著，即使找不到想做的事，也應該為了自己帶著自信生活下去。所謂自信，就是一種相信自己的力量。正因為願意相信自己，才能夠採取積極的行動。

有些事情，在行動過後才開始能看清楚。在不斷地行動中面臨失敗或是取得成功，在這樣的過程中一邊來學習，才首次得以看清自己。若不去行動，這些都會變成「無」。

我進入 Cyber Agent 的理由

在參加就職活動時，被人家說「去想想有什麼想做的事吧！」。簡直像是在說沒有想做的事那個人就不及格一樣，正因如此，才會有人做出開頭那樣的發言吧！非得要有想做的事不可，學生會被這種強迫觀念所驅使，大人們也有責任。

我自己原本也不清楚 Cyber Agent 是做什麼的公司。

之所以會去 Cyber Agent 的說明會，是用「來去看看女明星老公的公司長怎樣」這種輕鬆的態度，而並不是對網路有興趣。當時甚至只會用兩根食指來敲打鍵盤，更不要說什麼盲打了。

但公司的說明會讓我大開眼界。裡面有位只跟我差兩歲的前輩，而他所有的言行舉止，都不斷地使我感到吃驚。

「想在有這種人的地方工作！」

我打從心底這麼想，於是決定要進入這家公司。是的，**我並不是因為想做的事選擇了公司，而是因人做出了選擇。**而開始想為這世界留下使用網路的價值，是在進入公司之後的事。

■在考慮「生意模式」之前先募集「同伴」

剛創業時，比起「要做什麼」的生意模式，反而先考慮「要跟誰一起做」。當時腦中浮現的，是大阪當地一位朋友的臉。

我把他找來了東京，約在代官山的咖啡廳碰頭。

「我辭職了。你明天就來東京吧！跟我一起創立公司！」

「啊？」

雖然他一開始愣住了，但還是回了我「嗯，上吧！」一週後，他真的跑來東京了。

雖然我覺得，自己是個積極正向到可以在前面加個超級的人，但即便如此，不免還是有意志消沉的時候。我認為正是在這種時候，有個值得信賴的同伴是非常重要的。一般認為人有三種類型。可以自己點火的「燃燒型」，可以燃起別人幹勁的「點火型」，以及澆熄別人幹勁的「滅火型」。

由於「滅火型」的人會有許多近似責難或消極的發言，會把周圍帶往負面的方向。特別是這種新興企業，優點就在速度與士氣上，這類型的人並不適合當創始成員吧？我心中的想法，是想與「燃燒型」、「點火型」的人一起工作。

■比起「要做什麼」更重視「跟誰一起做」的理由

就如前項所談到的，有辦法掌握的東西就是自己。能夠由自己來選擇的「要做什麼？」，之後再做決定也可以。

但是，對於有對象的「和誰一起做」，則是沒辦法控制的。偶然出現了想一起工作的人，若是錯過這個機會，也許就永遠沒辦法共同行動了。也就是說，重視的是無法控制的部分。

說得更極端一點，只要在年輕時知道了粗略的方向，或許就能說想做的事情隨便怎樣都好。決定了要和誰一起行動後，即便兩個人沒有相同的想法也沒有關係。有各種各樣的價值觀會比較健全。

在心中想著要完成目標，終歸不過是種手段。

真正的終點，是在實現了想要達成的事情後，讓許多的人感到快樂或是變得富足不是嗎？

在現今這個環境劇烈變化的時代中，即使勉強決定了「要做些什麼」，也無法保證不會有所改變。

隨著技術的革新，在各式各樣的領域裡誕生出新模式的速度也在提升。即便現在決定好「要做什麼」並據此展開行動，也無法否定那有在五年後逐漸消失的可能性。

要做什麼，是隨時都能決定的。

與想法類似或感覺相近的人合夥，不管怎樣都先拚命地展開行動，以獲得知識和能力為優先，難道不應該是這樣嗎？

12 只是從右流到左的單純工作沒什麼價值

一般人往往會覺得「跑業務＝賣東西」，但在我心中完全不是這樣。雖然業務企劃人員的工作是制定好廣告策略企劃後拿給客戶，但我認為那是「聯繫自家公司與客戶的橋樑」。

成為橋樑的人若對一個東西怎樣來研究、生產沒有充足理解的話，就無法說出必須向對方傳達之事。而跑業務就以單純地任務告終，所以才會有生產或販賣的這種認知。

■ 若能有成為橋樑的認知，「工作的推進方法」就會改變

以販賣電話的公司為例，若是營業人員有向製造商詢問製造電話終端之人的想法或是商品的魅力，並對這些有所理解的話，販賣方法就會有所改變才是。我想，會變成不是以「販賣」，而是以「聯繫」的認知來進行工作。

所有種類的工作都有其目的與意義。以業務來說，可以將讓人理解自家公司商品的價值看作是目的，而成為聯繫自家公司與其他公司的橋梁則是其意義。製造也是，以商品來獲得價值為目的，而以商品來最大化顧客的價值作為其意義。

我進公司第一年時，就已經是用把自己當橋樑的心態來進行工作。這是因為，有種必須做出領受報酬之上的成果來回報的想法，為了客戶，也覺得就算真的只有一點點價值，但自己不做的話居中協調就沒有意義了。要成為橋樑，重點在於提出為了讓彼此的優點都能最大化的建議。

從此之後，我開始覺得從事只是從右流到左的那種工作，會使人的價值逐漸減低。若是深刻思考自己作為媒介的含意，意義也好行動也好，應該都會逐漸提昇。

第2章

用「準備」一口氣拉開差距

13 準備好「比誰都早、比誰都好的東西」

說不定大部分的人都將準備想成「為了讓商談能順利推進」。這是個誤解。只有千分之一、百分之一也沒關係，只有一張幻燈片、資料上的一個字也好，將時間用在讓對方會覺得有所得的事物上，否則的話，對對方來說商談的時間就會變成一種損失。

人生是有限的。

在磋商時，不能忘記對方提供了他有限的時間，若不能給予相應價值的回報，那就非常失禮了。為協商進行準備，這是最低限度的禮貌。

各位對準備，能夠想像到什麼程度呢？

「進行準備時不是著力於輸出，而要致力於輸入上！」

我是這麼認為，並且也如此來指示成員們。因為能否做出讓對方感到有益的提案，這點非常重要。只對自己想賣的商品和服務準備資料，關於對方的情報卻敷衍了事，這樣是不真誠的。所謂的「準備」，就是在詢問有沒有徹底做到這點的工程。

許多人對準備只考慮到自己能力所及的範圍。竭盡全力的「準備」，只為克服近在眼前的商談，心中的想法僅僅是不要被客人回絕，儘可能地維繫下次碰面的機會。

然而，即便難度很高，即使在前進的路途上有著障礙，重要的是持續懷抱真正想實現的成功願景來進行準備。在自己做得到的範圍內進行準備，也只能獲得自己預想得到的小小成功而已。要想像出在這之上的成功光景，並去考慮還有什麼不夠，還要再做些什麼才好，這種不斷地思考才稱得上是準備。

會拘泥於輸出的原因，是由於有等待的一方與被等待的一方這種意識的差別。客戶，亦即等待提案的一方，有各式各樣的選項並有著做出選擇的權力，而提案方因此害怕自己會被排除於選項之外，變得只能考慮用些流於表面的準備來突破。

但是做出提案的自己，也就是被等的一方，可以來掌控選項的製作。**若能比誰都還要早準備，並提供比誰都還要有價值的提案給客戶，就可以獲得巨大的成功。**

自己所想到的主意，當下最好認為有至少十個人同時也有這種想法會比較好。在這些人當中，能實行這個主意的有五個人，而將成功據為己有的就只有一個。雖然先去實行是非常要緊的事，但也要經常去警惕周圍的狀況，若沒有準備好「比誰都早、比誰都好的東西」，就無法邁向成功。

許多人在「自己已經準備到這個程度了」、「考慮這麼多並做準備了」的階段就告終，而沒有進行足夠的輸入。**應該要一邊留意市場、競爭者的動向，並想像著巨大成功的畫面來進行準備。**

■ 尋找「最終目的地」與「現在位置」之間的問題點

商業活動在各個方面都很重視速度。

準備也是一樣，只不過與純粹地速度在實質上有所不同。正是因為在心中描繪著巨大成功的影像，才有辦法提升速度。

進行準備時我並不會製作太過瑣碎的資料，因為若能明白巨大成功的影像這最終目的地的話，就算路線多少有些改變，也能以最短的距離來前進。連結起客戶「目的地」與「現在位置」的提案，才是他們所期望的。

若最終目的地沒有個定案，就會不曉得該往哪裡前進才好。希望你們能留意到，在對這些感到迷惘時會浪費掉大量的時間，若是從最終目的地來反推就能變得更加迅速。應該要把準備看作對最終目的地的調整。

而與客戶一起協調最終目的地也相當有效。

以準備所構築的假設為基礎，直接來詢問客戶最終目的地與現在位置之間的問題點。當然也有客戶還看不清最終目的地的情況，這個時候就與客戶一起進行讓最終目的地明確化的作業，這麼一來將會格外促進彼此之間的信賴關係吧！

14 事前準備中最重要的事

商談之前的準備是絕對必須的。

然而，可以看見許多人在準備上耗費了過多的時間，原因不就是在製作資料的時候用掉了太多時間嗎？

我在事前準備中最用心的部分是了解對手。準備，是為了對方提供某種價值，而先前所說的比起輸出更執著於輸入就是這個意圖。

在製作資料上耗費時間的話，能為對方帶來價值嗎？

雖然說過自己不怎麼製作資料，但我所注重的是「一張」這個要點。有句話叫電梯簡報，是指在同乘電梯的三十秒內，簡潔地報告自己的想法，而我便是執著於此。話是這麼說，但將想法濃縮到三十秒內，是聽來簡單做起來困難的事，所以，若沒有確實地做好輸入、思考這種準備的話是辦不到的。在整理好思慮之前就想製作資料，實在是太荒謬了。

■比起傑出而美觀的資料，更重視「濃縮後的一張」

許多人的準備都在輸出上耗費了太多的時間，與之相對，用來輸入或深入思考的時間則太少。

明明考慮對方的事應該要佔八成，而輸出只要有兩成就好，卻讓人深深地覺得，現在的狀況根本是完全相反。雖然也有製作出傑出並且美觀資料的人，但若是沒有內涵的話，是沒辦法傳達給對方的。當想著要凝聚成一張時，想傳達的內容應該就會自然地明確起來。

只不過，在一群人面前的發表就又是另一回事了。

在一對一的商談中，因為能理解對方到什麼程度這點非常重要，所以必須要重視輸入，然而在發表時，參加者的看法與見解各自迥異，因而應該注重將資料形象化的輸出上。

■即使準備了「預設問答集」仍無法順利進行的理由

當看著成員們進行準備時，注意到有許多都會預備好「預設問答集」，如果客人這樣提問的話自己就這樣來回答。

當然並不是說沒有指南手冊這一類的東西也沒關係。就以希望顧客購買商品來舉例說吧！

「這個商品好在哪裡呢？」

「跟其他競爭商品的差異是？」

「為什麼價格比其他競爭商品還高呢？」

對這樣的詢問做好充足準備的人，當出現沒有預料到的問題時，會有一時之間答不上來的傾向。這是因為對自己能設想到的部分進行了準備，並因此感到放心的緣故。

許多人誤將預設問答集看成是準備，但那樣的準備不過就是用來說明商品而已。即便是在協商時，介紹商品的規格也是毫無用處。

希望別人購買的商品，要理解其價值、願景、未來，並且明確地表示這些會與顧客的未來做出怎樣的連結。當有了這樣的準備，無論天外飛來怎樣的問題，應該都能馬上應對才是。

事前準備，便是預備好價值和未來。

如果使用這個商品，客人您的未來會變成這樣，而要是使用其他公司的商品就會變成這樣。**若用一句話來說明價值，那就是「顧客所能獲得的好處」**。

通過物品或服務變得更加便利、富裕，並露出笑容，我覺得這才是販賣商品或服務之人所應有的思考方式。為了讓別人購買商品而準備預設問答集的人，以及思考這個商品能為對方帶來的價值與利益的人，哪一個才是真正考慮著對方是不言而喻的吧！

有了「想這麼做」、「想成為那樣」的終極目標，商談的對話才首次得以成立。不管自己還未理解最後的目標，只一味地準備了預設問答集，這在正式交手時是派不上用場的。

15 反省是為了「下次正式上場」所做的準備

即使進行了令人認可的準備，卻也未必能連結上成果。**不管結果是順利還是失敗，反省都是非常重要的**。

為什麼客人願意購買呢？是因為獲得他的理解了嗎？當成功時更是要確實地反省，努力提高可重複性是非常關鍵的。而即使沒能獲得別人的青睞，徹底地分析為什麼不願意購買也是不可或缺的。

這種**「反省」，是無關行業類別的重要因素**。企劃師、工程師、負責會計的人等等，所有的行業都一樣，以事實為基礎制定的改善策略或行動計畫，可以提升自己工作的精確度。

我覺得**成功的模式或結構有其一定的法則**。為了讓自己能對這個法則心領神會，重要的是從成功事例與失敗事例中學習並進行整理。

不只失敗，也要從成功中學習

我覺得許多人往往將成功晾在一邊，而把失敗當成是教訓。越是去行動，就越會產生出成功和失敗，所以我認為應該分別從中進行學習。

擊潰失敗的成因，這當然很有效果。但在另一方面，掌握並活用順利發展的要素也是很重要的反省。因為成功是「機會」，所以絕對不能輕視它。

是改善失敗好呢？還是活用成功的機會好呢？而又是哪一個的影響比較強烈呢？這要根據具體的狀況來判斷。重點是藉由反省，準備好可以提供給客戶的全新價值。

雖然話是這麼說，但因此想要來改善所有失敗的因素，我覺得是太過於追求完美了。

我認為，有某種程度的不完美也沒關係，去追求成功的機會不是更好嗎？因為，我覺得均衡地來考慮這兩者，會更加提升客戶所能獲得的價值。

只不過，以單一個片刻來判斷成功或失敗，也許太過輕率了。因為成功可以成為孕育出下一次成功的泉源，而失敗也能作為創造下次成功的材料之故。

希望在準備時，能好好理解這點再來應對。在商業活動的所有場合中，都潛藏著用來實現最終目標的材料。

16 用「數字」與「標準差」來反省成功經驗

前面提到了「因為沒有成功經驗所以無法行動」。

當然這是事實，而我也是這麼想，只不過，我覺得必須把累積成功經驗與捨棄成功經驗當成一組來考慮。

當把過去的成功體驗看得太重時，人便會驕傲起來。

「差不多這樣就可以了吧？」

像這樣搪塞過去。我也曾用「差不多這樣就可以了吧」的心態來製作提案書，最後慘遭批評而感到非常地羞恥。從那時起，就不再執著於過去的成功經驗了。

棒球投手不管投了幾球，只要是同樣的球種，就會被要求投出同樣的速度與勁道。提案的勁道和速度也一樣。為了要有相同的勁道與速度，毅然捨棄過去的榮耀，並將它維持在同樣的狀態，這是非常關鍵的。為了創造出成功經驗，重要的是不驕傲也不喪失自信，以相同的態度一直持續下去。

■ 徹底地看著「數字」和「標準差」來分析

為此，不管在什麼樣的情況下，反省都非常重要。

進行反省時，可以用數值表示的部分就全部製成數值。以營業人員來說，「見面數」、「提案數」、「已知數（*譯註一）」、「議定數」、「議定單價」和「開發週期」等；以媒體企劃師來說「PV數（*譯註二）」、「UU（*譯註三）」、「每UU的PV數」、「Direct流量（*譯註四）」、「Organic流量（*譯註五）」、「間接流量（*譯註六）」等，全都落實到數字上。

這是單純的事實，而知道了事實的話，接下來就要看標準差。例如以提案到議定的成功率來看，假設第一週有五成，而到第二週時上升或下降了多少，這種數字的標準差。

關鍵在於，明確指出標準差產生的理由。為此，藉著可視化和數值化這種定量化（＊譯註七）的做法來提煉出事實是不可或缺的。即使去反省定性（＊譯註八）的條件也沒有意義，在有了被定量化的事實之後，定性的部分才得以落實。

而且**在落實定性的部分時，要決定好能以一組來實行之事。**也就是說，當有「狀態不好」這種定性的條件時，為了提振狀態要做些什麼才好，落實到具體行動的程度。以我的情況來說，一大清早為了喚醒自己，會去看日曆上的訊息來提升自己的鬥志。

讀書的效果，是以「實作」來反省

許多生意人為了讓自己成長，會去閱讀商務的書籍。然而，並不是讀完就沒了，閱讀後要實行些什麼才是至關重要的。

我會一邊讀書一邊將內容分為「注意到的事」、「可以馬上自明天開始實行的事」，以及「要分享給別人的事」這三項。儘可能在讀完的隔天，趁著朝會向公司內的成員談談這些內容。這個行為，是讓它發揮與反省相同的作用。

在一知半解的狀態下，即使說了也沒辦法傳達給成員們，而沒辦法傳達出去的話，就僅能獨善其身。原因是因為只在自己腦袋中成為了外顯知識，而沒有辦法落實到經驗性知識上的緣故。

■自問「再做一次的話會怎麼辦？」

捨棄成功經驗，是指讓成功體驗變得更新、更好，連曾經順利進行的事，也想著要更加改善的這種態度是非常重要的。不在成功的當下就感到滿足，繼續朝著更上一層的目標前進，將會成為成長的原動力。

許多人即使被問到，關於那些成功事例「再做一次的話會怎麼辦？」時，也無法說出令人滿意的答案。這是因為，若將成功的要素比做A，幾乎所有的人都會想著繼續使用A的緣故！

當有這個想法就失敗了。因為許多人都會繼續使用A的做法，所以A在未被研磨之下會漸漸失去其鋒芒，變得陳腐而不再有用。

成功的體驗，不持續地加以研磨是不行的。即便在當下A為最好的方法，但是，若不將它升級成A+的話，就無法產生同樣的銳利。如果不持續進行將A變成A+的這種努力，成功經驗就會逐漸失去它的效用。

只有在可以順利重複後，成功體驗才會成為經驗性知識。**所謂的可重複性，不是將A就這樣不斷地用下去，而要把它變成A+，持續地做出改進。只有持續不斷地變化，才能讓它看起來是一樣的，請務必要留意。**

我也重覆並持續地對我的成員們說要「對應變化」。正是因為保持變化，名為Rich Media的這家公司才有辦法繼續存在。

*譯註一：原文意思為前提條件或被給予之物。

*譯註二：Page View，瀏覽量，每瀏覽一個頁面就會計算一次。

*譯註三：Unique User，稱獨立用戶或獨立訪客，一個使用者在一定時間內，不管瀏覽幾個頁面都只被視為訪問一次。

*譯註四：直接流量，指用書籤、QR Code，或是直接輸入網址來進入網站的流量。

*譯註五：自然搜尋流量，指透過搜尋引擎產生的結果頁面來進入網站的流量。

*譯註六：除上述兩項之外的流量，如因推薦連結或社群網站而進入網站的流量。

*譯註七、八：定量著重於事物量的方面，定性則是質。定性研究是定量研究的基礎，而運用定量研究，才能在精確定量的根據下準確定性。

17 不要以為還會有「第二次機會」

當初次拜訪顧客時，往往有很多人認為這是聽取意見的場合，覺得只要能打聽出對方的狀況或想法就算成功。

一般人都覺得會有第二次機會，並認為第二次商談才是一決勝負的時候。大概是被前輩指導「第一次好好聽取意見，第二次再帶著提案去吧！」的緣故吧！但是，哪裡一定會有第二次的保證呢？

對別人教導的事不經咀嚼就把它認定為常識，這樣一來，會漸漸地不再懷疑別人所說的話。

進公司第一年時，曾到某家證券公司磋商。當時太過於馬虎，在實際金融業界競爭、比較的情況掌握上沒有做好萬全的準備。然而對自己的能力有自信的我相當樂觀，認為只要用腦袋中既有的其他競爭公司的動向與事例作為談話的基礎，就能聯繫起下次的會談。

商談開始，才發現對方是身經百戰的強者，是該企業活躍於第一線的人物。其他競爭公司的事例全都了然於胸，毫無讓我說明的餘地。

「你是為了什麼才來會談的？既浪費你的時間也浪費了我的時間，你有理解這點嗎？一天八個小時的工作時間，在與你會談上用掉了一小時，這一小時如果得不到有用的情報或提案，那就是白費了！會談就到此為止吧！」

對方勃然大怒，商談才開始十五分鐘左右就被終止了。

發生過這樣的事情後，我便不再懷抱著還有第二次的態度來面對會談。

能不能在與顧客相遇的瞬間就獲得好感，或是讓他覺得想再見一次面呢？對此懷抱著強烈的意識。我覺得唯有在最開始的瞬間就讓人感到「這傢伙與眾不同」，才能成為優勢。

實際上，在第一次的商談中就討論到契約的案例，以我來說有三到四成。即使說成是第一次見面就全都決定好也不為過。

包含了第一印象和提案內容，「能讓人感到想和眼前的這個人一起工作嗎？」是在一瞬間就會決定。正因如此，「準備與正式上場的連貫」這種想法是非常重要的。在準備時著重於輸入，也是因為覺得唯有了解對方，才能在第一次的商談中就分出勝負。以第二次機會為前提的話，是無法做出擄獲對方心神般的好表現的。

■在最初的商談中擄獲對方的心

為了在最初的商談中就抓住對方的心，所考慮的有兩個要點。

第一個，是見面前的「意見聽取」。

年輕人在第一次打電話給客戶約見面時，因為緊張以及好不容易取得見面機會的欣喜，往往會專注在取得會面的約定上。然而，希望你們可以理解，這是非常沒有效率的。

「因為想在見面時帶上對客人有用的情報，所以，請告訴我您現在所懷抱的課題或是想要的情報吧！」

我會這樣來詢問客人。藉由詢問，可以明白現在對方所看中的重點，而理解了這點之後，再根據市場環境、競爭對手的動向，以及自家公司所處的狀況，就能找出答案。由於不會在最初的商談中出現偏離重點的提案，因此在第一次的見面中就能獲得信賴。而能在一開始的機會中得到信賴的話，就能在盡早的階段討論到契約這一步。

並且，第一次得到的信賴，會從第二次開始轉變為期望值。

雖然在事前用電話聽取了意見並帶著提案前去，但由於此時還沒確定好商品內容，所以不能帶著採購單。可是，因為在第一次的會談中就獲得了信賴，也有在商談時當場獲得了手寫訂購單的情況。當然，之後還是要更換成正式的採購單，但這無損於接獲了客戶的訂單一事。

從第二次的商談起，「這個如何、那個如何」一類的疑問或詢問就漸漸地不再出現，客戶變得會說「做做看吧！」輕易地就接納了我的提案，這便是信賴轉變為期望值的證據。

假使在此時稍微有些失策也好，由於有著第一次所獲得的信賴，不會因這樣的失敗就馬上落得「交易停止」的下場。為了讓自家公司看來高人一等，應該要從一開始就捨去還有第二次機會的想法。也就是說，重點在於要總是全力以赴。

■ 傾聽的力量其真正的涵義

另外一個就是「聽取意見」的力量。

今日，傾聽的力量受世人所矚目，比起推銷，傾聽更為重要的這種想法，我覺得毫無疑問就是這麼回事。只不過，許多人都沒有留意到自己是不是誤解了傾聽的力量其真正的意義。

見面然後聽對方說話這當然很重要，但這樣難道不會過於侷限在當面聽人說話的情況嗎？沒有因為強烈地認定傾聽的力量是用在與對方面對面時的溝通上，而忽略了要在電話中聽取意見的部分嗎？

不僅限於正式面談或打電話時，若能養成平日也好好地傾聽別人說話並將它輸入的習慣，獲取的情報必然會逐漸地增加。這不才是真正的傾聽的力量嗎？

將全部的聯繫都交給電子郵件的人並不在少數。可是只以文字來交談的電子郵件，有時候會導致認知的不一致。雖然也有不擅長打電話的人，但藉由話語來交談，讓彼此之間的微妙差異得以吻合是非常重要的。若是逃避這個作業，當之後產生不協調的情況時，反而會影響到簽約的過程。

「要用電話直接聯絡到關鍵人物的話，怎麼做會比較好呢？」

曾經有人這麼問過，但這是沒有什麼技巧的。向新顧客打電話的時候，我會打到接線總機去：

「因為想說些其他競爭公司的事例，所以無論如何都想與代表者談談！」

只是說出這樣的台詞，需要什麼困難的技巧嗎？

這也是客套與體恤的不同。覺得冷不防地打電話找代表很沒禮貌，這不是體恤，只是單純的客套。

當然，也還是要取決對方的情況，所以必須要看清狀況。可是對方尋求的是這份提案有沒有利益，以及有沒有與這個人交際的價值，自顧自的就客套起來而沒有說出自己想要表達的事，這反而才失禮啊！

18 不要沉醉於「理論之美」

不久之前「邏輯思考」曾大肆流行。

雖然流行已經平息，但果然理論思考對生意人來說依舊是不可或缺。然而，也有人太過追求必要之外的理論，而使行動變得遲緩。

與此同時感覺到的，是**許多人停留在「外顯知識」**這點。也就是說，**還在理解的階段就覺得有辦法來實踐**。

■ 不要只是理解了理論，就覺得自己懂了

我在創業之際，曾去學習會計與金融。會計與金融的體系化理論是非常美的，只要

掌握了要領，就不是那麼困難了。書是理所當然的，此外還去聽 Globis 商學院的課程，覺得內容意外地簡單，而有種自己已經明白了的感覺。

創業後經過了幾個月，在處理帳務時注意到了，我所建立的結構本身有錯誤。經過正確計算後，從月底盈餘一變成為虧損。還處於創立期間的新興企業，從盈餘變虧損這種事是生死存亡的問題。

這件事讓人痛切感覺到，理論與實踐之間有著如此大的差距。只是從某處理解了有關會計和金融的外顯知識，就覺得已經是經驗性知識。也就是說，以為自己學會而有辦法來實踐。

外顯知識是要昇華成經驗性知識之後，才開始有辦法帶來可重複性。明明還沒有到達十次中有八次可以產生相同成果的境界，就嚷嚷著做得到、做不到，這樣子可是不行的。

若只關心形式和理論，當出現了負面的訊息時就會有「不做就好」、「這次就放棄吧」這樣的結論。我認為，就算有負面的情報也要敢於採取行動，之後再來判斷是做到了、還是沒做成就好。

即便去尋找正確答案，卻怎麼也找不到的原因

明明腦袋已經理解卻還是不行動的人，是在妨礙自己的成長。只要死不了就全都是小傷，這是我一貫的主張。人啊，若沒有受傷就無法成長。

許多生意人只有在找到適用於算式的正確答案或理論後，才願意去行動。但是在商業活動中，沒有固定的正確答案。**因為市場的動向是與複數的人息息相關，所以正確答案經常不斷在變化**。明明沒有正確答案，卻要在找到正確答案後才肯行動，因而不僅使行動變得遲緩，還會過度去追求必要之外的理論。

應該思考的，並不是正確答案而是假說。反覆地為了驗證假說而採取行動，並對結果進行反省。要驗證假說是不是正確，唯有持續不斷地行動才能辨得到。

19 只有0．001%也好，超出顧客的期待

與客戶的來往中，超出期待值會成為差別化的泉源。為此，必須要帶給顧客他所不知道的情報。

我在 Cyber Agent 就職的二〇〇六年，正好是網際網路開始急遽擴張的時期。競爭對手的動向、不同業界的事例、新事物和現正發展的事物等等，向顧客提供了各種有價值的情報。

不只是在商談的場合，而是**每天都會寄送「提供情報郵件」**。每天持續寄送「有用」情報的做法若能超出期待，將有可能更進一步轉變成信賴。這個做法在 Rich Media 中，也是每天都在實行。

創業之後，還加上了寄送書面信件，雖然主要內容是用 Word 打字，但在最後會加

上**手寫的「感謝」**兩字。儘管沒有算過正確的數量，但每個月應該有寄出數百封吧！即使這麼做，也未必能獲得青睞。這麼做並非別有用心，一封一封都用報以感謝的心情來寫才是重點。其中也有人在感到吃驚的同時給予了回覆：

「最近的公司會這麼做真的很少見啊，雖然是網路相關企業卻很有古風呢！」

也曾經**在顧客的家人生日時贈送了禮物**。商談中無心的對話也沒有放過，將有關客戶孩子和太太的情報記錄了下來。對方甚至忘了自己曾經說過，所以非常地吃驚，然後又感到非常地高興。若是贈送物品會違反風紀，就用信件或是傳訊息的做法也都沒問題。

也儘可能地**向員工的雙親，贈送中秋節禮物**。由於本公司還只是剛成立四年的公司，所以也進行家庭訪問，並向員工父母表達「會好好地培育下去」。

到頭來，一切事情都還是依存在人的身上。用好的方面來應許期待，這樣的交流會逐漸轉變成信賴。

20 並非「去做，還是不做」，而是「去做，還是絕對要去做」

許多人在行動之前會考慮「做得到還是做不到呢」。這很明顯是讓行動停止的重要原因。

「做不到的話怎麼辦？」

「沒做過的事情做不到啊！」

這些都是藉口，一直考慮這種事情的話，不就什麼事都辦不到了嗎？

說到底，「做得到」這種詞彙是不存在的。

請仔細想想看，這句話是在實行之前說實行後的事，若是表達實行後結果的「做到了」那還可以理解，但「做得到」與「做到了」雖然是很類似的詞彙，在意義上卻有很大的不同。

我覺得「做得到」、「做不到」這種詞彙本身就是沒有必要的。

我已經說過，成長就是「挑戰做不到的事情，而作為結果，變得做得到了。」如果是這樣的話，在行動之前詢問「辦得到還是辦不到」是一點意義也沒有。考慮「做得到」、「做不到」，只是給自己加上「限制」罷了。

■ 不是「做得到、做不到」，而是「去做嗎、還是不去做呢」

那麼替代「做得到」、「做不到」的詞彙是什麼呢？若以不試著去行動就不會知道結果為前提來考慮的話，就會變成判斷「去做嗎？還是不去做呢？」

只不過在考慮「去做嗎？還是不去做呢？」的時候，請回想起先前所說「對成長來說不斷地改變是很重要的」這句話。不是去尋找正確答案，而是將它變成正確答案。

這將會成為行動的推進力，所以也變得不需要選擇「去做嗎？還是不去做呢？」

「總之試著做做看！」

就只會剩下這個選項。這會成為行動的大前提。

只不過，即使同樣是「做做看」，別人開口之後才行動是無法成長的。因為在把決策委任給他人的那一瞬間，就喪失了向著成長前進的自主性之故。

更何況，即便在年輕時有人肯從背後推一把，但當年齡不斷增長，就漸漸再也沒有督促自己的人，到那個時候再來後悔已經太遲了。

「沒有必要去考慮做得到還是做不到。」

「沒有不去做的這個選項。」

我希望年輕生意人的行動方針可以是如此。希望你們能理解，**猶豫「去做，還是不做」僅僅是浪費時間，也只會成為阻礙成長的重大因素。**

■ 不是「去做，還是不做」，而是「去做，還是絕對要去做」

希望各位能提昇到更高一層的階段，那就是選擇**「去做、還是絕對要去做」**。

這個「去做」與「絕對要去做」的最大不同，是「絕對要去做」裡面有著「做到最後」的涵義。而且，行動的品質高低與速度感也包含在內。「絕對要去做」所要表達的，是用比誰都快的速度做出比誰都好的成果這個意思。

■說到底「會工作的人」是怎樣的人呢？

我所認為的「會工作的人」定義如下：

「挑戰誰也沒做過的事，並且做到最後的人。」

因此，我想取得比別人更高成果的人，會逐漸成為統領眾人的領袖。

你今後所要進行的行動，不僅是你，連上司和前輩們也沒辦法知曉結果，滿滿都是不知結果如何的事。反過來說，正是因為挑戰不知結果如何的事，人才可以逐漸地成長，不是嗎？

21 預先決定好「不做的事」

走筆至此，雖然都以「要行動」來作為大前提，然而卻還是有例外的。失敗的話連命都會丟掉，不做有這種風險的事。

在經營的決策中，不做孤注一擲之事。

也絕對不去做會讓公司被奪走的事。

在這層意義上，預先明確好「不做」的事情也是非常重要的。正是因為決定好了不做的事，才能產生出「去做、還是絕對要去做」的選項來。

我從二十歲開始，對於會使對方蒙受損失的事情，便儘可能地停下腳步。對自己販賣商品有益，但是卻無法為對方創造價值的案例，以及在看不清意義和意圖的情況下是不做的。

先前說過的「不要太著重在輸出上」，這也可以視作其中一項不做的事吧！具體來說的話，決定好不做需要用到五張以上A4紙的資料。

以結果來說，即使拼命地充實資料，大部分都只是「多餘的（尾鰭）」。即使做出了傑出而美觀的資料，大部分的人都沒有在看。重要的部分最多也就一頁，這點不管是誰都明白，所以會去看的也就只有那個部分。

「誰、何時、什麼」

只要補上了這3W，就沒有勉強加油添醋的必要。

■ 要怎麼與客戶來往呢？

應該如何與客戶來往，我覺得這對一個組織來說是永遠的課題。

「不管對自家公司多麼有利，我們也絕不去做無法提供價值之事！」

這取決於聽的人怎麼想，說不定是句聽起來很傲慢的話，但是預先想好這點也是有其必要的。

老實說，因為若是回應了客戶所有的要求，就有全部都變得散漫的可能性。

自己的價值也好，向對方提供的價值也好，只要能讓它們最大化的話，就能獲得相應的回報。只要如此，就能做成巨大的工作。因為我覺得這不管對自己來說還是對客戶來說，都是讓利益最大化的方法。

就結果而言，會覺得無法回應所有的要求也是理所當然的。

比起去克服弱點，不如來強化優勢

決定好不做的事情，另一方面，先找出自己所擅長的屬性、職業種類、業別等，我覺得也是非常重要的。

雖然很擅長金融，卻拿不動產沒辦法。

對二十到三十歲，有活用網路能力的人沒轍，但是卻很擅長應付四十歲以上，不會用電腦與智慧型手機的中年人。

仔細區分自己的特性是很重要的。若明確了自己的優勢，不僅敗北的可能性會變低，還能更佳地活用那份優勢。

常常有人在議論，「是克服弱點呢，還是強化優點呢」。

我完全地支持後者，甚至可以斬釘截鐵地說，只要**考慮發展優勢就好**。

以棒球來說的話，就跟即使打不出安打、全壘打的選手，還是有辦法向隊伍展現自己的存在感是一樣的。

就以優點是腳程快的選手來說吧！就算無法進到先發成員中，也有可能在其他選手打出安打時作為代跑上場，並且盜本壘得分也說不定。

在商業活動的場合中也一樣。

雖然無法期待他的提案能力，卻很擅長在最初的會面中掌控三十、四十歲男性的某位成員。若能在第一次見面的場合中，就順利掌控住對方三十、四十歲的決裁者，只要帶上擅長提案的前輩或同事一同前往，訂定契約的可能性會提高非常多。

把這個看作是成功經驗就可以了。

觀察擅長提案和營業話術高明的人，並在一邊偷學的同時蓄積起實力就好。藉由這麼做，就可以掃除因沒有成功體驗而無法向前邁進的心理了。

第3章

不去害怕失敗的思考法

22 害怕失敗是因為「聚焦」的緣故

這世上有兩種生意人。累積了許多成功經驗而帶有自信的人，以及沒有成功經驗因而沒有自信的人。或者也可以說成是低估自己的人，和高估自己的人吧！

這可以用「聚焦」、「散焦（*譯註九）」的概念來說明。

低估自己是一種過度聚焦的狀態，只聚焦在做不到的事情上而看不見其他的部分。**聚焦的狀態，也成立在高估自己的人身上**。僅因某個片刻的成果，就深信自己是有能力的，而看不清其他自己所不及的部分。

另一方面，**散焦的狀態則是不高估也不低估，而可以客觀地看待自己**。能夠持續去做，即使失敗也可以保持行動的人，可說就是處在散焦的狀態下吧！

*譯註九：原文為 Zoom out，也做「離焦」。

過度聚焦只會讓自己覺得「失敗了很可怕」、「被人認為無能的話很可恥」而喪失自信，要用散焦的觀點，想著「即便失敗，如能在某一天派上用場」就可以了。如果能這麼想的話，就會開始感到不去實行才會成為危機吧！

■ 為了冷靜地分析自己，有三點是必須的

要從聚焦轉變為散焦狀態，有三點是必須的。

「will（想做的事）。」
「can（做得到的事）。」
「must（必須去做的事）。」

Will，是指自己想這麼做，或是想變成怎樣的願望。Can，則是指提升能力一事。至於 Must，可以看成是課題吧！這三個圓重合的部分越大，就越能說是令人滿意的狀態。

為了要擴大 will 的圓，不去提升 can 與 must 是不行的。因為若只考慮著想做的事

或是自己想成為的模樣，是無法將圓變大的。增加做得到以及必須去做的事，藉著邊行動邊將這些化為自己的經驗，圓就會逐漸變大。只要將想做的、想完成的事一件件地映入眼簾，並逐漸增加辦得到和必須去做的事情，應該就可以成為散焦的狀態。

即使現在做得到的事只有「1」也好，但是知道只要自己展開行動，即便失敗了也會變成「2」或「3」，這便是散焦。如此一來，轉移至行動階段的速度會急遽地變快。因為不只能看見眼前的事物，就連未來想變成怎樣的想法都能看清楚，所以才有辦法這麼做。

23 成果是憑運氣還是實力，是由別人來判斷的

自己得出的成果，是運氣抑或是實力呢？

雖然很老套，但我也覺得「運氣也是實力的一部分」。即便是創業後的如今，也不覺得自己有什麼實力。要說為什麼的話，因為我想實現的「畫面」還在相當遠的前方之故，而以現階段的實力是沒有辦法到達那裡的。

比起自身實力的有無，是否逐漸靠近自己想成為的「畫面」還比較重要。若能經常一邊確定這點一邊採取行動的話，必定能培養起實力。說句實話，成果是運氣還是實力，這並不是什麼大不了的問題。

有許多人都想要確切體驗成長的感覺。這是因為有著想要掌握自己實力的心情吧！

之所以需要確實地感覺到成長，是因為太過想要獲得認可之故。若是向著大得驚人的終極目標前進，在途中被人認可與否，應該只是枝微末節的小事才對。

增加能做到的事、讓對方幸福，並且更加靠近自己想要的「畫面」，這不才是最理想的姿態嗎？**有沒有培養起實力，是由其他人來判斷的事。如果要說那是運氣的話，那就當成是運氣吧！**把它當成是自己還未培養起充分實力的證據，而唯有繼續去行動。

真摯地接納他人的評價，並將其轉為正向的就好。

若了解到還有不成熟的部分，就去想辦法克服就好。

青春歲月並非用來思考是運氣還是實力的時間。要是有想這些的閒功夫，應該還有其他更值得去做的事情才對。

■「目標人」與「河流人」

有一種說法稱之為「目標人」與「河流人」。

目標人有著明確的終點，並從終點反推來決定現在行動。另一方面，河流人比起遠方的目標，更致力於處理面前的課題。

這裡並不打算說哪種人比較好。因為目標人雖然有著目標不會模糊的優點，但也有在看不清目標時很脆弱的一面。河流人只單方面地拼命專注在眼前的課題，而難以看清行動的目的。各自都有長處和短處。

在理解這點之後，弄清楚自己選擇了哪邊是很重要的。

■並非「是運氣還是實力」，而是「有沒有可重複性」

說起來實力究竟是什麼？

雖說培養起了實力，但也不是說就變得會工作了。**得到新人獎時，覺得自己培養起實力了這種驕傲的念頭，從來不曾浮現過。比起這些，要怎麼做才能再一次重現？**反而是不斷地考慮這種事情。

並非討厭被人說成是僥倖，而是想著，即便狀況和環境改變了也好，若不能做出相同的成果的話，就不能算是真正有實力了。創業雖然已經四年，現在也仍是這麼想著。要是被人叫去再做一次同樣的事情那該怎麼辦？只能不斷地這麼想著。

確實，成就感也許是有其必要的。如果那能成為自信或是朝向下個偉大目標的推力，我想有成就感也是不錯的。畢竟若是連這個也沒有的話，就會變得與工作的機器沒有兩樣。

只不過，我覺得此時將欲求放在自我實現上會來得更好。若將欲求放在認同上，反倒會在意起周遭的人事。把想賭上生涯來進行的事以及想達成什麼的will，轉為自我實現就可以了，我深深地這麼認為。

話是這麼說，但再也沒有比受運氣眷顧更好的事了。運氣就是運氣，所以沒有辦法控制，但我覺得有讓好運靠近自己的行動和思考方式。

那就是相信自己，並珍惜與他人的相遇。為了提升感性而砥礪神經，無論再小的事也抱持著關心和疑問。只要經常留意著這點並且展開行動，運氣不也就會站在我們這一邊了嗎？

24 將猶豫的時間歸零，製作「個人規則」的方法

如果感到猶豫，行動無論如何都會變得遲緩。為了縮短從動念到行動的時間，建議先訂立好「個人規則」。

「書如果猶豫就買。」

「衣服如果猶豫就不買。」

「如果沒什麼時間，猶豫要不要吃飯的話就不吃。」

「假如從書中學到了什麼的話，就從明天開始實行。」

制訂好個人規則，在行動時就沒有必要去思考這件事對自己來說有沒有意義了。因為是自己決定的規則，所以不得不遵守。

這個可以說是**迷惘時的行動列表吧！**制訂行動列表的好處，是讓自己能迅速地行

動。因為已經決定好要說ＹＥＳ，所以構思到行動的時間就被縮短了。

「若上司說了什麼，全都回答ＹＥＳ。」

若立下了這個行動指標，就不再有回絕上司指示的選項。

■ 把下判斷時容易猶豫的點「規則」化

在行動列表中，確認好自己判斷時會猶豫的事。因為是自己來決定，所以反省也很容易，清單中若有許多部分不符實際情況的話，只要重新評估就好。雖然決定好不買衣服，但以結果來說實際感覺到吃虧了的話，就切換成猶豫就買的模式。

姑且不論ＹＥＳ或是ＮＯ，藉由制定個人規則，就能養成不會在猶豫時只是一直迷惘下去的習慣。在依據仍然薄弱的情況下，即使當下做出了權宜之計，也是沒有辦法獲得可重複性的。

25 選擇本身是沒有「正確、不正確」的

前文提到「將所選擇的事物變成正確答案」是很重要的。要來實行什麼的時候，不是想著要選擇A或B，重要的是證明選擇A是正確的。而**是否正確，在當下是不會明白的。要證明的話，除了行動之外別無他法。**

投資的時候也一樣，如果能知道A和B哪一個可以賺錢的話，所有人都是超級有錢人了。

假如我是證券公司的職員的話，因為不知道A和B哪個可以賺錢，所以要由自己來想辦法，使別人買的那一項成為正確答案。也就是說，當別人買的股票價格跌降的話，就推薦其他公司的股票來取回損失等等。這樣果斷地在當下把失敗轉化為成功，關鍵就在不怠忽獲取能挽回損失的情報。

會大幅左右人生的選擇也一樣。曾經在就職活動上有個學生，煩惱著要選擇某知名企業還是 Rich Media。

雖說本人想在 Rich Media 中工作，但似乎周遭的人都勸他選知名企業比較好。他就在這夾縫間苦惱著。

這種問題是沒有正確答案的，儘管如此，周遭的人卻覺得知名企業才是正解。他為了要抹除自己的煩惱，連續四天都到公司來和各個員工談話。結果，自己下定了決心進入了 Rich Media 公司。要讓這個決定成為正確答案，除了追求到底以及自己採取行動之外別無他法。

■「選擇」是藉由行動而成為正確答案

有些人若沒有誰在背後推一把就無法展開行動。而在等待著誰來背後推一把時，會被其他人的意見所左右。只要自己不去決斷，就無法判斷這究竟是好還是壞。

首先最重要的，是由自己來做出選擇並採取行動。

此時，並不需要對自己的選擇有自信。若有自信將自己的選擇變成正解的話，直接移至行動階段也沒關係。選擇是否為正確答案並不重要，只要有自信，可以在未來的某個時刻讓它成為正確答案就可以了。能夠這麼想的人，往往對做出選擇抱有自信。

所謂的決斷，是在有「不確定因素」時的決策，而所謂選擇，則是在有「確定因素」下的決策。

當主張自己有想做之事的當下，我想就有去行動的價值。應該將這份自信作為後盾，不斷地展開行動。

26 沒有無法挽回的失敗

「比別人多實行十倍，比別人多失敗五倍，並獲得兩倍的成長」，若真如 Yahoo 的宮坂社長所說的這樣，成長的幅度就會與失敗的數量成比例來延伸。

而這份失敗，是不去行動就不會產生的。因此，不害怕失敗地採取行動是成長的大前提，這點是不言自明的。

■ 相當於「數億元」損失賠款的失敗

過去我曾犯下非常不得了的失敗。

在 Cyber Agent 中進行實習打工時，把應該向A不動產公司提出的報告，誤寄給A

公司最大的競爭對手B公司去了。

那是一份用訊息來發佈的報告。資料內容是藉由在入口網站放上標籤廣告，可以完全了解造訪此處的人其屬性和點擊傾向等等。

有了這份報告的話，就算廣告沒有帶來營業額，也能搞清楚失敗的理由，並以此為基礎，來考慮下一次的對策。若這份資料落入競爭公司的手中，公司的所有戰略就會被對手給摸透。

「這是在搞什麼！」

A公司的怒火非常地駭人，要求索賠也是理所當然。趕忙打電話賠罪的我，只能一個勁的道歉。

而收到報告的B公司也寄來了抱怨。

「把A公司的報告寄到我們這來，該不會把我們的報告送到A公司去了吧？快給我去確認！」

幸好，沒有犯下把B公司的報告送到A公司去的雙重失態，稍微安下心來，甚至還被B公司負責處理的人勉勵了一番。

「雖然我想你會被罵到死，但還是加油吧！」

損害賠償也以口頭的方式提出了數億元的金額。若將報告的內容換算成現金，確實是有這樣的價值。

即便為了賠罪而奔走，也沒辦法見上一面。理所當然，我方也帶著身居要職的人前去謝罪，卻被極其冷淡地忽視。到最後被容許見面時，連去拜訪過幾次都忘了。

即使巨大的失敗也能使它成為「助益」

從這個失敗中得到了教訓。

就連**看似無法挽回的失敗，只要誠心誠意、百折不撓地持續好好道歉的話，便不會釀成大禍**。事實上，由於沒有實際損害，所以對方沒有提出損害賠償的要求，並且獲得了原諒。

不管是怎樣的失敗，我覺得至少都能回到「一切的原點」。只要知道了這點，就能不害怕失敗，不斷地展開行動。

而根據做法的不同，可以不只是回到原點，而是比起失敗的當下更加邁進，這也是一個教訓。

雖說是獲得了原諒，但A公司對我的信賴變成了零。因為沒有了信賴，當然不可能接受貿易上的往來。不過靠著寄送附上小東西的信件，持續來取得溝通，結果在經過一年後，進公司的第一年夏天時，又開始能接獲A公司的訂單了。

對方自然有在失敗當下的對應方式，但是也注視著失敗之後的態度。是要因失敗想著「已經不行了」而放棄呢？還是拼命努力地想取回信賴呢？人們會將這點看在眼裡。我想也有不擅於認錯的人。

能多深刻地認知到自己的錯誤呢？能站在對方的立場嗎？可以用這兩點來解決。我沒有錯、是市場的錯、是組織的錯，因為像這樣把責任丟到了其他人身上，所以沒辦法來認錯。如果自己也發生了同樣的事會怎麼想呢？將自己換位來思考是非常重要的。

27 不要輕易地認可上司所說的NO

有想做的事，並對此也有著自信。

「我想做這件事。」

即使開了口，也經常遇到上司不肯點頭的案例。

「不要做比較好。」

當上司這麼回絕時，你會怎麼做呢？

如果從對方的話語中感覺到了可疑之處的話，我會這麼問：

「為什麼呢？」

只有上司的一句「不要做比較好」，是不能了解理由的，而既然不明白意思的話，當然就該這麼問了。**當重複問過三次「為什麼」之後，就會明白自己所不及的點。**因此，我經常會重複詢問三次「為什麼」。

明明沒有認可卻裝作明白而離開的話，即使是理所當然的事情也沒辦法理解，就這樣以消化不良的狀態放著的話，是沒辦法從該處向前的。

■ 徹底探討「為什麼」與「要怎麼做」

首先，上司說「不要做比較好」的理由，可能只是由於自己還不成熟而無法理解也說不定。雖然經常能看見把責任轉嫁給上司的人，但應該先把懷疑自己不及的可能性當成是起點。

領導者朝著「想成為的願景」、「想做的事情」等目的地，身處前鋒向它衝刺，並明確地懷抱實現這些理想的手段和課題。由於自己並沒有這種觀點，所以才感覺到有可疑之處也說不定。

「我也正在思考這點。現在我也看得見上司和前輩所說的東西。」

底下的成員曾這麼對我說。

但是，我覺得這樣是不對的。**因為上司和前輩，是看著從最終目的地反推而得的事物，並說著如何實現它的手段。與之相對，成員們則大多是考慮著實現眼前目標的手段。**這點，無非就是目標人與河流人的差異罷了。

這時重複詢問上司三次「為什麼」，就得以觸及反推的想法，以及作為反推基礎的最終目的地。

但也有即使如此還是無法接受的情況吧！

應該也有就算重複「為什麼」三次，結論還是覺得果然自己才是對的、做了比較好等情況。上司的決策，未必總是正確的。也並非全無上司沒有徹底了解部下想做之事的案例。

當這種時候，我會這麼說：

「要怎麼樣才肯讓我做呢？」

或者在上司的決策和反對意見上再增添自己的意見，將它轉變為提案來提出。

我認為，**必須將「為什麼做不到」和「要怎麼做才能成功」看成一組來思考。**因為藉著詢問這兩點，不僅可以擴展實現的可能性，也能使自己沒有觸及的點明確起來。

許多人並不會去反覆詢問「為什麼」來追究理由，絲毫不打算去取得「要怎麼做」的這種觀點。但是，不歸咎於他人，而反覆思考究竟為什麼不行、要怎麼做才能變得更好，這樣才有辦法成長。

即使如此卻還是沒能獲得許可的情況下，雖然在情感上擺脫不了想去做的想法，**但應該要認為，是自己沒有足以說服上司的事實和邏輯，而沒做出讓人可以採納的提案。**

「那個上司一點都不了解。」

「是因為上司無能，所以才沒辦法如自己所想那樣。」

我想無論是誰都曾在心中如此地發過牢騷。因為自己有自信的計畫不被承認之故，會這麼想也是無可奈何。

但要是這麼想的話，成長就會停止。假使上司不理解也好，重點在於該怎麼做才能讓人理解。先前也說過，錯的是沒能讓人理解的自己，應該要這麼來思考才對。

應該要把它當成是沒能讓人理解的自己的錯。

準備好能說服上司的事實和邏輯了嗎？

從進公司第二年成為子公司的董事起，我自己所提案的計畫幾乎沒有不被認可過，這是因為把「為什麼做不到呢？」以及「要怎樣才做得到呢？」看成一組來考慮的緣故。而即使這麼做也還是不行的情況下，就會這麼問：

「是有什麼沒有表達好嗎？因為我能力不足所以完全不能理解，請務必告訴我吧！」

許多人並未對自己的想法，抱持著有所不及的謙虛態度。想將自己正當化、不想丟臉、不想屈服於上司，有各式各樣的理由。

但是，上司是因為有做出成果所以才成為上司的。希望你能理解，這是偷學那位上司是用怎樣的方式來思考的機會。雖然可以理解心裡的「不爽」，但還是吸收想法更為有利。

「將目標放在什麼地方？」

這種問題也很有效。如果答案是業績或營業額的情況，就應該用事實和邏輯來進攻吧！若那是種和緩的世界觀的話，這邊也就曖昧地帶過。

■ 依上司的種類構築攻略法

雖然也許聽起來很算計，但以聯繫下一次機會的意義上來說，這也是找出如何讓該上司允許你按自己的意思來做的時機。

上司的種類有理論派、直覺派等形形色色的類型。

如果能說服理論派的A上司，那麼也能說服想法類似於A的上司。若可以說服直覺派的B上司的話，與B有相似想法的上司也有辦法說服吧！

若像這樣準備好十種上司類型的庫存會如何呢？就能掌握對大部分上司的說服方法，不就沒有你無法貫徹的計畫了嗎？

此外，若無法在三十秒內向決策者傳達結論的話，他就不會再聽下去了。為此，要不多花時間就需要有更加千錘百鍊的準備，這也會成為掌握重點的訓練。前面說過，對客人來說第一印象很重要，而這點對上司來說也是完全一樣的。

28 聰明地接受上司「指謫」的訣竅

各位對於向上司報告或商量的時機是怎麼想的呢？

「進行到兩成時做確認，之後再實行剩下的八成。」

這是我的基本立場。當上司委任工作時，最初的輸出、進行報告時的完成度，只進行到兩成左右。此時的兩成，不用說當然是指確保了成為骨架重點的兩成。

在獲得上司確切的建議之後，再實行剩下的八成來完成它。雖然社會上有形形色色的說法，也有主張「進行到六成再提出」的人，但是，我始終相信是未達半路的時機比較好。

這並不是憑感覺，而是有著明確的理由。

確保重點的兩成所說的，是包含了骨架與結論，也就是指可以確認方向性的最初階段。如果是銷售措施，將目標數值、問題點以及解決方案這三項用一兩句話來總結的話，上司應該就能充分地判斷是太過還是不足。

若在這個階段方向性有了偏差，就這麼前進也沒有意義。**應該修正的點在前期就修正，就結果來說速度也會提升。**

■「經常報告或商量 不會工作」的錯誤認知

與上司的溝通，不只質，頻率也很重要。

上司在忙碌之餘，還得要照看許多的部下，不取得溝通而掌握部下工作進行狀況是不可能的，即使收到了一鼓作氣整理好的報告，但要是方向性有偏差的話會非常棘手。**詳細地報告、商量，在當下遭受「指摘」，之後反而會比較輕鬆。**

報告或商量的次數一多，就會被認為是沒辦法獨自進行的「不會工作的傢伙」，不是很多人都有這樣的誤解嗎？有很多人討厭被人這麼想，而在全都完成後才來進行討論。我想這也是客套和體恤的差別。

若讓我以經營者的立場來說的話，我會對一開始便一邊詳細地確認，一邊推進工作的人給予比較優秀的評價。以個人風格完成的成果物來說，即使一口氣做出來，在那一刻已經無法去修正了。若方向性有所偏離的話，就不得不從頭開始，不只浪費了時間，也會被人認為沒辦法理解工作是由團體一起進行的這個大前提。

「不報告和商量的人才是無能！」

我認為應該要將生意人的立場轉變為此。

■ 若受到了一處「指謫」，就要全部重看一次

我若是上司，當部下以兩成的完成度來報告和商量時，假使其中有十個要修正點，也只會告訴他其中一個重要的點。

這絕不是壞心眼，而是全都說了的話，他就會變得只去看被指謫的部份而已。

「這是第二次報告了呢，修改了哪裡？」

「之前您指出的部分。」

「那，這裡怎麼樣？」

「啊，錯了。」

「再去給我弄一次。」

這樣的一來一往反覆地進行了十次。

「你啊，最初被指出要修正的時候，有去看全部嗎？你這樣甚至修正了十次，這是因為你只想去看被指摘的部分而已。」

在第一次被「指摘」的時候，不能只想著這個部分而已，應該要養成再全部重看一次的習慣。

雖然有說過失敗可以挽回，但對此太過天真是不會成長的。一個失誤就會成為致命傷，若沒有養成這種緊張感，不管幾次都會重蹈覆轍。

有些人在某一部分被指摘時，只去修正那一部份，而有些人則會去修正與此有關的所有部分。這樣一來，不久就會顯現出信賴的差距。**退回其實是上司叫你再想一想的訊息**，被指摘的一方應該要認真地想到這個層面以上。

在受過好幾次指謫後，有時候會覺得上司所說的話不停地轉變。當然，其中也有真的毫無連貫性，非常奇怪的情況。我也有好幾次，覺得上司所說的事情是錯的，但是，其實大部分都只是自己沒注意到而已。

■ 確認上司便於檢查的時機與方式

「不怎麼遇得到上司。」

也有這麼感嘆的人，但是電子郵件、電話、SNS等，與上司取得溝通的工具不斷地增加，即使工作還沒進行到六成，也應該有請他幫忙看的機會才是。因為網路、科技都很發達，與上司交流的頻率，我想不管怎樣應該都有辦法提高。

不如說，或許是取得溝通的方法需要重新考慮也說不定。

這是可以明顯區分出會工作與不會的人之處，必須要確認用怎樣的輸出方式，才能便於讓上司觀看。會嘆息著碰不到上司的人，大部分在輸出上都有問題。

只要決定好了這個項目，上司就能進行決策，應該有這樣的重點項目才對。將它正確地歸納並報告、商量的人，會被認為是能力更為高竿。而總之先想辦法提出整體情況後說「請看看吧」的做法，上司會有想去看的心情嗎？

若不了解決策的要點或報告的形式，直接去問上司也沒關係。儘快理解上司判斷的重點是非常關鍵的。

說不定會有問上司這種事情好嗎的疑問，但是上司的評價，是繫於部下對各自任務的完成上。應該要意識到，自己完成任務與上司的成就是有直接關連。既然如此，很顯然去問並不會造成評價的降低。

假如是因為這樣就降低評價的上司的話，不如就乾脆用改變上司的心態來應對就好吧！「來經營管理上司」，帶著這樣的觀點，也成為使成長加速的原動力才對。

29 每天的記錄會使「可重複性」提高

隨著網路工具的發達，我想現在能用各種不同的形式來書寫日報。但不也有許多人，因為覺得每天寫很麻煩而敷衍了事嗎？

我從過去開始，便一直確實地寫下日報。這是因為**讓自己的行動可視化後，在反省時能派得上用場**。

要是自己成績超好，就會儘可能把為什麼能順利進行這點寫在日報上。藉由書寫日報，是為了讓相同事情變得容易重現，而另一點，雖說現在進行得很順利，但要讓自己不會變得傲慢。

人啊，若是事情順利的話就會自負起來，對自己抱有一種全能感，而在不知不覺中開始揮起大棒，漸漸變得打不到要點。即便是在避免陷入這個狀態的意義上，藉由日報的可視化與反省也是非常重要的。

■我每天都寫部落格的理由

以我來說，制訂好了關於日報的規則。

首先在進入公司第一年開始，就決定好每天都要寫部落格。在部落格中儘可能寫下定性的部分。也就是寫下自己的想法，或在採取了怎樣的行動後，是否順利進行等。以算計的層面來看，部落格也是能向公司內外的人主張自己想法的場所。藉著發表主張，來聚集願意支援自己的人。

日報則寫部落格中不能寫的定量部分，像是拜訪的對象、在該處的話題、提案內容、顧客的反應、下次的課題，以及成功訂立契約的機率等等。

日報是用來產生可重複性的工具。在眾多說著麻煩的人群中，我則是用完全相反的概念來看待。因為越是好好地寫，越是能從上司那邊得到詳細的回覆。即便是為了有效率的反省上，也最大限度地活用了日報。

在成為經營者的現在，會把全部成員們的日報看過一遍。不是只有看直屬部下的經理等人而已，而是公司全體一百二十個人。

以上司角度來看，日報是貴重的情報來源，可以一眼就明白每天工作現場所發生之事。越是認真地寫，上司也就會越認真地去讀，所以我覺得沒有不去利用的理由。

「用口頭來傳達了，所以不需要日報。」

不也有許多人這麼想嗎？但是，口頭的溝通還是有其極限，為了讓人可以仔細觀看，日報是不可或缺的。

有時候，也能得到口頭報告所無法獲得的回報。若沒有留下記錄的話，連反省也沒有辦法，應該要將口頭報告與日報來分開考慮才對。

根據情況，也有直屬上司以外的其他上司也會看的案例。這種狀況下，也有可能得到從直屬上司處沒有得到的回饋。若考慮到這點，細心寫日報的好處是無法估量的。

■ 將意見與改善策略作為一組來記錄

日報是營業人員的事，似乎有許多這麼認為的人和公司，但我覺得，**隸屬於營業之外部門的人也寫日報會比較好**。即便在 Rich Media 中也是這麼做的。

工程師的話，我想就以程式為單位，寫下「今天什麼部分順利進行，又在什麼遇到阻礙」就可以。設計師若寫下「哪部分很好，哪部分不好」的話，在檢討時將可以派上用場。而管理部門的人，如果寫下了改善事項等內容，我覺得上司就會給予明確的建議。

雖然這麼說，我想也有上司不肯仔細地看，或者是除了直屬上司外沒有人肯看等等的狀況。即便是這樣，但仍舊還是該細心的寫日報。

這是因為，日報是給上司的報告，同時也是給將來自己的報告。若只是敷衍地去寫的話，將來在某些時刻回顧時，是沒有任何意義的。

我總會對成員們說，日報中要把意見和改善策略寫成一組，是因為只有意見的話，連結不起行動的緣故。

若全部都細心地寫好，當在檢討時甚至能明白，在該案例中是做出正確的判斷，或是相反地執行了偏離要點的行動。也就是說，可以把握現在自己的狀態，若明白了自己所在的位置，下次的行動就會有所改變。

藉著看日報反省，可以搞清楚自己是有成長，或者是沒有成長。以長遠的眼光來看，日報是很有幫助的。

■如果持續寫日報的話，觀點就會逐漸提升

持續閱讀許多公司成員的日報，他們的變化就彷彿近在眼前般地可以理解，特別是**持續成長的人，日報所寫的內容會逐漸改變**。

雖然日報本來是為了自己而寫下自己的事，但持續成長的人會在自己的事之外，再加上團隊的事。團隊的課題是這個，或是團隊想要這麼做等等，會逐漸增加這種內容。而更加成長的人，會著眼於事業部的課題或是公司整體的問題，而更進一步，則變得會向團隊或組織提出建議等，觀點會不斷地向上提升。

加上了意見和改善策略，也變得會自己去劃分期限，不久之後，就連成果都會被記錄在內。

「沒有順利地與客戶取得溝通是個問題（意見）。每天早上八點寄送提供情報的電子郵件（改善策略）。這個做法從明天就開始（期限）。」

在這份日報的一週之後，該職員的日報這麼寫著：

「果然提供情報的電子郵件很有效果，送來了『那個我有在看喔！』訊息的客戶逐漸增加了（結果）。作為一個交流的手段，想推薦給大家（提供給團隊的情報）。」

「提供情報的郵件，想依各個種類來試著區分看看（改善策略）。效果就等一個禮拜後（期限）。」

一絲不苟地努力書寫日報，越去做就越能一眼看出是為了自己。重點就在意見與改善策略，只有意見的話，即使寫了上司也很難進行反饋。改善策略是否正確，或是還有更好的做法等等，給予適當反饋的可能性也會提高。

第 4 章

目標是為了超越而存在

30 為什麼我要高舉「奪走藤田晉先生的椅子」為目標呢？

本來呢，人關於自己想做什麼，對什麼事情有興趣等，沒有什麼輸出的機會。我想很多人只在腦海中描繪，但有意識地將它可視化的人應該很少吧？僅僅想像著，就只會是既曖昧又微弱，要藉由輸出讓它可視化，才首次與行動有所連結。

「請在五分鐘內，寫出五十個自己的夢想。」

雖然說是夢想，也不需要是偉大的夢想，只要是想做的事情就可以了。但是，我想有做過這個動作的人會了解，幾乎沒有人可以毫不費力地寫出五十個來。我也在大學四年級時試著做過，但只能寫出三十個左右。

沒有試過寫出夢想或目標的人，請務必試試看。尤其特別想讓學生或社會經驗尚淺的新鮮人來嘗試看看，只要隨手寫出「想完成的事情」、「想要的東西」就可以。

並不是說夢想或目標比別人多就比較了不起，但**藉著將夢想和目標可視化，就更容易連結到行動上**。

「想去馬丘比丘。」

「想打造一兆元規模的企業。」

我在大學時代所寫的目標，就是這種閒散的東西。只不過，也有幾個認真寫下的目標。

「成為 Cyber Agent 的第一把交椅。」

「奪下藤田晉先生的椅子。」

要進入公司前的小伙子說出這樣的話，說不定是沒有自知之明並且不合常理的，但是，**目標訂得越高，就是越相信自己可能性的證明**。

許多人只在實現可能性較高的範圍內來思考目標，但若把設定放在低點，成長就只會到那裡停止。**正是因為設定了高遠的目標，才會想要採取行動去填補它與現實之間的落差**。若不去思考自己視作目標領域的頂尖者在想些什麼，為什麼可以待在頂點的話，無論到什麼地步都無法填補中間的差距。

■理解自己與頂尖者的「差距」

這份成長期的經驗要追溯到學生時代。

雖然由自己來說有點狂妄，但我對於運動，是到一定程度之前馬上就能上手的類型，像足球也是這樣。但是，卻無法感到滿足。**知道與最強的人之間有多少程度的差距，並且要怎麼做才能贏過他呢？想要擁有可以認真去思考這類問題的思維。**

大學時代在玩的霹靂舞，是個很大的體驗。霹靂舞是團隊對抗，並以彼此的表現來競爭的運動。

有個成為日本第一，也有實際成績並且世界知名，被稱為「一擊」的日本舞蹈團體。我所屬的隊伍，當時有與這個團體對戰的機會。而在這場對戰中，無法還手地被打得落花流水。當時我們的隊伍一直到認輸為止，可說是幾乎進行了無止盡的 battle，所以即使被打得一敗塗地也還是很痛快。

要說為什麼的話，是因為能明確地看見與頂尖者所做努力的差距之故。

其中有與我相同跳舞風格的人，很明顯比我更加精細，而且表現力也更豐富。即使做完全一樣的事情，根據個人的努力，會展現出完全不同的水準，我認清了這樣的事實。

試著與他們聊過之後，他們對自己身上背負著日本的霹靂舞那份覺悟，緊逼地傳遞過來。因為如果自己怠慢於練習而做出不成熟的表現，日本的霹靂舞就會被認為是一種不成熟的東西。

他們抱持著高度的覺悟並努力著，因而得到了這個地位。也讓我知道，並不是單純擁有才能就可以變得如此厲害的這點。

「沒有什麼事情是做不到的！」

又讓我再一次地這麼想。在這樣的體驗後，**開始有為了成長，若不去接觸最頂尖的人是不行的想法。看到了最棒的東西的話，就能明確地看清自己所缺少的是什麼。**也能夠明白，那些最頂尖的人是以怎樣的努力才到達了那樣的高度。藉著讓自己投身這種環境中，才能得到成長的機會。

31 徹底地模仿當作目標之人的「思考術」

即使在自己心中認定為常識，在其他人眼中也有認知不同的情況。

為了理解、弭平那些差異並從自己的常識範圍中脫離，比起追求自己的原創性，從模仿他人開始會是一條捷徑。

首先，**若有讓自己感到壓倒性地強大的人，就從接觸那個人來體驗他的水準開始。**

然後，再來一一細數要模仿些什麼才好。

「與現在的自己有多大的不同？」

「為什麼不同？」

「這些不同點，是現在吸收好呢，還是之後再吸收也可以呢？」

因為每個人有各自的特性和長處，所以即便有樣學樣也無法讓它成為自己的東西。

重點並不是行動，而是要模仿他的思考模式。若自己所認定的常識其實不合常理的話，在模仿的期間，當好不容易理解了他採取的行動背後的思考模式時，就可以注意到自己的不合理之處。

■ 模仿看看眼前的人

自從轉任到 Cyber Agent 的子公司 CA technology 後，就開始模仿起當時的社長石井洋之先生。開始模仿之後連遣辭用句都變得很相似，這就是連思考也成功模仿了的證據。

若以水準高的人為目標，也有在開始時已經差距太大，連要模仿什麼才好都搞不清楚的情形。當根基過於不同時，為了填補現在與未來願景之間的差距，重要的便是基礎的部分。**我想先從眼前的前輩或尊敬的人開始模仿起也可以**。

我本來也很不擅長用數理統計的方式進行管理，但在第二年時有所領會，現在已經可說是相當拿手的程度了。因為抱持著想成為經營者的目標，意識到有必要為此去學習這種管理方式，並且恰巧在周遭有著可以模仿學習的對象，因而得以達成。

■連「口頭禪」都模仿的話，就能明白思考的脈絡

在實習打工時，有位被我尊稱為師父的人，我將那個人的發言、舉手投足，以及資料製作等全都看在眼裡並偷學了起來。現在對待成員時的說話方式也是其中一項。

一開始就先從個人的話題開始吧！

他的口頭禪是「如何，可以嗎？」

這個口頭禪雖然聽起來像是在問業績如何，但是我注意到其實他的本意只是在增加溝通而已。

當業績沒能如預想般達成時，若被上司說「給我達成業績啊！」就會變得畏縮。但這個人是用「如何，可以嗎？」一類輕鬆的口吻來增加溝通，藉此來觀察成員的神色。

我覺得這是應該要模仿的想法，於是便徹底地仿效下來。結果這種做法在自己的行動上紮了根，現在也一早就到公司儘早地結束工作，然後在公司內部來回遊走與成員

們閒聊。
談話並不是目的，而是要看看成員們的神色。
「狀況好像不太好呢。」
「有耿耿於懷的事啊。」
感到掛心的成員，就邀他去吃午餐並趁機取得溝通。

■要模仿的不是技巧，而是思考模式

如今也鮮明地記得，那個師父對 Excel 的一份資料，也遠比我想像的更加執著在小細節上。
「這條線變成兩條了喔！」
恐怕是連沒有人會注意到的地方都毫無遺漏地過目了。
「為什麼會執著在這種地方呢？」
對我的疑問，這位師父這麼說了：

「魔鬼藏在細節裡。」

疏忽了細節，你的價值就會下降，被師父如此地指謫。這位師父甚至會看著自己製成的資料，一邊思考對方會想些什麼一邊來製作。

師父連對 Excel 都執著到這麼細微的地步，是由思考所產生的其中一個行動。不是只有模仿那個部分，模仿為什麼要這麼做才是關鍵所在。

聽說現在市面販售著資料製作術的書籍。

但就算閱讀過並把技術學起來也毫無意義。因為或許能記住細節，但是也有可能無法成為帶有可重複性的經驗，也就是說，沒辦法在無意識間也能靈活地運用。

要將模仿變成經驗，必須從思考開始轉變。**藉著模仿來學習思考模式，並且增添自己的長處，追求「附加」個人的特色才是最重要的。**

在茶道和武士道中所說的「守破離」正是如此。從師傅身上學得型並遵守，創造屬於自己的型而將它打破，最後離開師傅以及型。若不從思考來學習，並且改變自己行動的話就談不上是模仿。

■「模仿」與「複製」的不同在哪呢？

模仿與複製是不一樣的。

複製只是照著那個人所做的去做而已，但由於不是本尊，因此品質會逐漸地劣化。而模仿則是吸收那個人所做的事，並將它更加增強的感覺。

若達到了與本尊相同的思考，就連行動程序都能明白，所以發生什麼預料之外的情勢時，應對上也能有相同的品質。所謂的模仿，我覺得就近似於將自己的長處，乘上別人的長處來逐漸提升自我。

當要解決A問題時，單以自己的判斷標準來看會有所遺漏，此時若借用B這個人的力量創造出「我×B」的判斷標準，遺漏的部分就會減少，而在不斷反覆進行的期間，就會逐漸變成自己的東西。

32 沒有克服弱點的間功夫

最初分配工作崗位或是人事異動時，也有不一定能如願的案例。但是這樣的分發應該有恰如其分的理由，為什麼是營業、為什麼是企劃職務呢？我想去確認一下理由會比較好，因為可能有自己所不知道的長處，或是沒注意到的特性。**即使是為了掌握自己所沒能注意到的自身強項，模仿別人、與別人比較也是非常重要的。**

自己的長處，僅憑自己是很難發現的。

為了將它可視化，我的做法是將它寫在紙上，並以此為一定的指標和其他人進行比較。自己覺得是長處的地方其實沒有這個人那麼厲害等，應該會有因為寫下來而重新注意到的事。

把自己「覺得是長處的事」寫在紙上

此時並不需要用客觀的尺度來比較。

雖然似乎有許多人覺得所謂的長處，必須是不管從誰的角度來看都覺得是如此才可以，但只要以自己的尺度來思考，把覺得是強項的事寫下來就可以了。因為藉著與他人比較，才會開始明白之間的差距。

當差距變得明確，弭平差距的作業就不是那麼困難了。持續地努力填補與目標之人彼此間的差距，不久那就會逐漸成為自己的長處。而理解強項並不是終點，填補差距只是為了讓長處變為更加絕對的起點，千萬不能誤解了。

若持續進行在紙上寫下長處的作業，當那份優點變成自己的東西時，所寫的內容也會逐漸改變，這真的是饒富趣味之處。

首先是營業、再來是會計、接著是更進一步的金融，強項本就是加在自己原先擁有的條件之上，當回首那些經過，是否變得能在這個領域奮鬥以及自己成長的程度就都能瞭解了。

而明明強項非常重要，卻也有人只死盯著弱點不放，學歷和英語能力就是個相當顯著的例子吧！

我就這麼斷言吧！沒有必要一直著眼在弱點上。即使深入思考自己感到自卑的部分也一點都不有趣，即便在克服弱點上反覆努力，但由於是弱項，所以不是那麼容易就能有所進步的。這反而會落得讓自己失去自信的結果，只會徒增悲觀而已。

比起克服弱點，考慮怎麼做才能構築起強項的做法，絕對會更令人感到興奮雀躍才是。做起來會感到開心的事，才能成為自己的力量。

■「弱點＝不擅長的部分」，用這種程度來認知就行了

弱點，我覺得只要以弱點來認知就可以了。

許多人都覺得至少也要有平均水準，但是沒有必要每一項都得到平均分，甚至只要能認知到是弱點，就能考慮在那個部分借助別人的力量來完成。

或許在把弱點的部分認知為弱項之後，會產生不去克服不可的強迫觀念也說不定，

這樣的話，不如就把它想成不擅長的部分，這樣的認知也許最為有利。

在借助別人力量來完成的期間，自然地就能學會那份能力。即使那沒能變成強項，也有不再是弱點的可能性。

委託別人也會變得順利，得到將人延攬進我方陣營的能力。

雖然可能不值得驕傲，但我很擅長在不專業的領域上拜託別人。因為不擅長設計幻燈片的資料，所以就對成員說：「你的設計可說是最棒的，想讓這世上的人們也看一看，所以務必幫幫我吧！」自然地就說出了這些話。要是被人這麼一講，對方也不會不願意了吧！

克服弱點可以獲得信賴是事實。

但是若以速度的觀點來看，我覺得**強化優點，讓「那個人很擅長這個」成為自己的代名詞更能聚集信賴**。

當然，對生意人來說的致命弱點，我想還是克服會比較好，但只是無益地死盯著弱點的話，很有可能會成為成長的障礙。

33 因為沒有前例所以由自己來做

沒有前例……。

這與「沒辦法」、「總有一天」一樣，也是從辭典刪去比較好的一個詞彙。

正是因為挑戰沒有前例之事所以才有商機。

現在的網際網路業界是個誰都能創業的世界，在相當難創造出競爭優勢和參加門檻的狀況下，唯一談得上壓倒性的附加價值就只有速度了。

以專業美容醫師、美容顧問以及營養管理師為基礎所主導，提供以健康地照護美麗肌膚為內容的「肌膚照護大學」網站而言，就是至今所沒有的類型。這便是從「架設搜集網路評論的網站」的想法中，相中了「找來醫生提供正確的情報吧！」這點。這個網站之所以成功，我覺得可以迅速地採取行動是很大的因素。

競爭對手不做、難做的事才有商機

想要開始事業或各種藉媒體流通的內容時，要考慮競爭方所不做、難做的事。為此，有必要預先掌握好競爭對手的強項與弱點。

以這角度來說，重點就變成儘早將產品和服務推出到市場並迅速改善。做到完美的狀態再推出就已經太遲了，更何況完美的東西原本就不存在。有八成左右的完成度即可推出到市面上，再來就是不斷地去逐漸改善。

抱持著正面好評的不是在製作者這一方，而是在使用者身上。一個個解決使用者所提出的改善點來提升使用者的忠誠度，逐漸地增加愛用者，就像是以未完成品來問世，一邊回應使用者的需求、一邊來穩固住使用者的感覺吧！

不如說，沒有前例會更好。正因為沒有前例，才會出現肯跟你一起來創造的人。我相信，**不是「某人會去做」，而是「由自己來做」的這種精神準備是非常重要的。**

34 當月目標「十四天以內達成」為宗旨

到這邊為止，談到了許多中長期性的目標。

另一方面，短期目標和業績的達成也不能置之不理，決定目標的當下要怎麼來考慮數字，相當意外地重要。

我**全部都用「除法」來考量**。例如有一億日圓的預算的話，首先用日數×單價來考慮。用二十個工作天來算的話一天有五百萬日圓，並以這個數字為基礎推算出提案數乃至於議定數。

由實際成績來推斷，做出提案的十家公司中有哪幾家會議定，並且考慮對單一顧客提案所用的金額。根據金額會決定販賣的商品，所以要調查這些商品議定的成功率。將這些相乘起來的話，就會決定商品的組成。在這之後，再開始來考慮一天的訪問件數。

而另外一個重點，是**在除法運算時用三分之二來考慮**。假設一個月有二十個工作天，要把它看成大概是十四天，這是因為以實際天數來運算的話，當出現意料之外的狀況時會沒有辦法應對之故。

在天數減少、被限制的狀態下能做些什麼呢？將它作為一個替代方案來思考。不用說，每三個月一次的季刊也是以兩個月來考慮的。

■日曆的開頭，設定在第三週

在日曆上也有個特點。

就以十月到十二月的這三個月來說吧！把一個月拆解成第一、第二週一塊以及第三、第四週一塊。十一月的業績在十月的第三、第四週兩個禮拜開始準備，並在十一月的第一、第二週來完成。接著來考慮，為此要做些什麼。

想要在一個月之內把案件從準備進行到成交，當發生無法預料的情況時會沒辦法應對。被逼到極限狀態下，既會受到客戶催促，而對客戶來說也會沒有時間去檢討這東西有沒有價值。在時間充足的情況下會比較好銷售，變得讓人容易去購買。正因此，將一個月拆解成兩部分日曆的行動習慣，是非常重要的。

因為在商談中還有準備的階段，所以，**若不以在兩個禮拜內完成一個月份業績的預定來行動的話，包含該月的業績，就沒有辦法得到超越預期的成績**。達成目標只是理所當然的事，更進一步地累積數字來超出預期，才能獲得感動與信賴。

經常聽到達成了該月業績的人，會把能在當月實行的案件遺留至下個月。

並不是不了解這種心理，但這麼做是不會成長的。目標是為了自己而存在，藉著經常讓成果持續地超出預期，這些東西會作為技術被累積起來並形成經驗性的知識。

35 勁敵不是「同期」，而要設定在「最頂尖」

「周遭沒有什麼可尊敬的人。」

「沒有行動的榜樣。」

雖然常常聽到這種聲音，但真的是這樣嗎？

我覺得，這只是**因為那個人沒有好好地看著上司和前輩，或者是只著眼在他們的短處上而已。**

若是擔任了什麼要職的人，應該會在某方面有優秀的部分才是。之所以沒有留意到這點，是在自己獨自的領域內思考，用狹隘的眼光說「不怎麼厲害」、「無法尊敬」而已。

專注在別人的弱點上，會讓視野變得狹隘，所以沒有辦法用正確的眼光來看待事物。為了要正確地看待事物，就要如本書先前所陳述的那般，再稍微散焦一些，試著把視野放寬即可。

■將第一年的競爭對手設定為「最強的人」的理由

這麼做的意義，是因為製造一個勁敵也是讓成長加速的誘因。在我進公司的第一年時，便將 Cyber Agent 營業額最好的人當成競爭對手。

「絕對要贏過那個人！」

在心中強烈地抱持著閃閃發亮的想法。

若不怕被誤解的話，可說從當時起我就沒將同期放在基準上。在我們自稱為「黃金世代」的期間，公司內部也開始這麼稱呼我們，即便程度如此之高，但**就此打住了設定基準的話，便有招來停滯的疑慮**。

當然，應該向同期學習的點，大力地去模仿就對了。然而應該要將目標放在「已經做出成果的人」身上。**假想敵，我認為其程度絕對是要在自己之上。而且最好是最頂尖的那個！**

■ 找顧問獲得「定期健診」

顧問，我認為對成長來說有其重要的職責。

即使以自己的立場來說打算要以牢靠的核心信念來行動，但那能否順利地實行，以自己的眼光來看是不會了解的。人必須要擁有核心信念，換言之，一貫性是非常重要的。若是有所偏離，一切就會開始走樣，所以，應該要有能定期地檢查那部份的顧問吧！對我來說，那就是 Link and Motivation 的小笹先生。

曾有被小笹先生提醒而注意到的組織結構問題點。

Rich Media 施行公司內分公司制（*譯註十），設置有事業部以及負責人。雖然如此，卻意外地沒能順利發揮機能。與小笹先生商量後，受到了如下的指謫：

「我說你啊，莫非是打算創立如巨大鐵路公司那種規模的組織嗎？」

小笹先生識破了我是打造一個看似箱型的組織。我在事業部底下制訂出營業〇〇部門、製作〇〇部門等箱子後，再將人才安插到裡面去。以我的意圖來說，是為了讓權限移交變得容易，想用公司內分公司制來讓責任線變得明確。

但是以結果來看，沒能成功達成權限的移交，卻變成了官僚式的組織，各個箱子只剩下傳達系統的功能。而我從小笹先生那獲得了這樣的建議：

「打造組織時不要只注意到箱型組織的外型，以人才來判斷不是更好嗎？」

於是用想把這個事業部交給誰的觀點，來將組織重新製作，搖身一變開始順利地運作起來了。

雖然我心中有權限下放的核心信念，但執行的手法卻是錯誤的。這是與顧問商量之後，心中的核心信念變得更加堅固的一個事例。

*譯註十：也稱分公司制，類似事業部制但給予更大的權限，讓一個部門有如一個子公司般。

36 不要用「好惡」來判斷一個人

人與人之間有著所謂投緣與否的問題。有因為感情、感覺上的不怎麼喜歡，而漸漸不再溝通的人。這也不得不說是自己放棄了成長的機會。

對我來說，大致上沒有什麼棘手的人。

這是因為我用著能不能從這個人身上偷學點什麼的觀點來看人之故。站在這種角度上，「生理上的嫌惡」就變得無關緊要了。

不以好惡為判斷核心，而是用有沒有好東西可以學，這種判斷基準來思考並採取行動。

與同期的來往方式也完全一樣，摸清同期每個人的強項，並思考著不能想方設法地偷過來嗎？

不是只攝取到自己身上，若能理解同期各個人所擁有的長處的話，在委託事情的時候也會變得容易。**在平時就養成「若對這種事情感到困擾的話，就去問問那傢伙吧！」這種習慣的話，便不會猶豫而可以馬上去行動。**

■ 比起在意會被人怎麼想，更傾向從「成果」來思考

「要是去問人會很丟臉。」

「不想被別人批判。」

這也是角度和眼界的問題。

比起周圍的眼光，重要的是將成果放在前頭考慮，**喜好或厭惡、丟臉與否等都是無所謂的**。以結果來說，唯有比誰都早地登上比誰都要高的山，這樣的人才能看見專屬於他的景色。如果能夠理解這一點的話，對勁敵說「請教教我」應該也是不痛不癢的事才對。

因人而異，也有即便詢問了也不肯傳授的人。對那樣的人則要考慮委託方式的氣氛

和口氣，或者是真摯地詢問不肯傳授的理由等等，並根據對方的回應，一邊改變做法一邊繼續去探究，做法應該有各式各樣才對。

許多人都注視著周圍的狀況或其他的人，但比起這樣，用「想做些什麼」、「為了做出成果」的觀點來思考會更好吧！專注在成果上的話，漸漸地就不再去思考丟臉和厭惡的問題，一切都會好轉起來。

■ Link and Motivation會長的謙遜

在各位之中，也有已經領有成員（部下）的人吧！即使能從上司或是同期身上學到東西，但不也有很多人覺得詢問部下或後輩是很困難的事嗎？

許多人根據對方的年齡和立場，觀點會過度地改變。即便是後輩也能讓自己學到東西，所以不應該恥為下問。即使是後輩的經營者，只要有能力的話，我就會去問問他，不顧羞恥和體面地說聲「教我」。能像這樣說出口，是因為目光只放在成果和目標上的緣故。

在評斷一個人的時候，考慮年齡只會成為阻礙。因為上司或後輩而態度僵化的話，絕對會被人看穿，並導致信賴關係的崩解，引發工作的阻礙。我覺得看人的時候，依對方的經驗和實際成績來看他的「深度」會更好。

我所尊敬的人們，即使有了年紀也依然非常謙虛，小笹先生便是如此。

「雖然不是很懂網際網路事業的事啊……」

其實明明很熟悉，卻因顧慮到我而用了這樣的開場白。即便是前面提到過，作為顧問給我建議的情況時，也不是用「組織不是箱子，給我看著人來下判斷」這種口氣，而是「組織不是箱子，不是看著人來下判斷會比較好嗎？」這種說話方式。

溝通隨著一個說法的不同，印象就會有所不同。因為是比我更加經驗豐富也有實際成績的經營者，是站在可以對我說「給我這麼做」的立場之人，對一個遠遠碰不到腳邊的小伙子，也用到這種程度的說話方式顧慮著我。

我也學習這點，在面試時小心留意。「學生是不會了解的，所以教教他吧！」一旦變成這種老大心態的瞬間，就會失去一貫性，協力者也會離去，成長的機會就這樣減少了。

37 成為「公司外上司」的弟子

以學習的意義來說，並不需要侷限在公司內，我在公司外也有許多類似顧問的人。

客戶也一樣，自己感到值得尊敬的顧客，或是能從他身上學到東西的客戶，我推薦就讓他成為公司外的上司。

那麼，要怎麼做才能讓客戶願意變成上司呢？

此時必要的前提，是明確自己所不足的部分。如先前所提到的那樣，沒有在意弱點的必要，只要認知到是弱項，當遇見了可以幫你填補的人時馬上就能注意到。

然後，不要因為是客戶就種種的客套，以真摯的態度，一邊最大限度地體恤、一邊誠實地表達自己的想法即可。

「我在這個部分還不成熟，可是想在這方面有所成長，所以請務必讓我聽聽你的意見！」

被這麼一說，我想對方大概也不會感到不舒服吧！由於重點很明確的緣故，應該能輕易地理解，或許是對自己尋求著什麼。

■從咖啡店老闆身上學習「經營」

在我的經驗中留有印象的，是一位咖啡店老闆。

那是位才剛開始接觸網路的客人。是我剛進公司沒多久的時期，在五月開始營業後，就馬上提出了一千萬日圓訂單的客戶。

「能不能教教我經營的入門之道呢？」

當這個訂單上軌道時，下定決心嘗試說出口。老闆非但沒有感到為難，甚至從自己的經驗開始教給我各式各樣的東西。

「所謂經營，不就是將自己想傳達、完成的事，一邊與世上的人進行交流一邊來實現嗎？」

「營業額是與顧客共同感的總和，所以想提升營業額並不是什麼壞事唷！」

「我覺得，利益是讓自己想提供的服務持續下去的泉源。」

一起去吃飯的時候，甚至有這樣的對談：

「你覺得餐廳一個月能賺多少錢呢？」

「這個嘛……」

「座位的數量大概就這樣，要怎麼做才能賺錢呢？」

「和單價有關嗎？」

「餐廳單價提升的話門檻也會提高。以這種規模的廚房，考慮的該是翻桌率吧！」

「原來如此！」

「那麼，為此可以做些什麼呢？」

一邊吃飯一邊學習經營的想法，理解逐漸地深入。之後，我在第二年成為子公司的經營者，這個咖啡店也契合我所企劃的方案，成為能大大地提升利益的體質。

在公司外學習的機會，自己不去追求的話就無法到手。我覺得年輕時就貪婪地去追求會比較好。

在第一次的見面中也聊些商務之外的話題，如果能構築與對方的信賴關係，便找不是磋商的場合進行交流，更加穩固彼此的信賴關係。我在二十幾歲時，三次見面中就有一次不是去協商，只聊些閒話就回去了。這可以得知其他公司的情報、業界的最新動向，以及對手的內情等，可以獲得很多的學習和領悟。

商業不是賣「物品」而是賣「價值」。

說得極端一點，無所謂產品的規格和內容，重點在於讓人有買了之後能獲得怎樣的果實這種印象，像汽車便是如此。買了車之後可以與家人一起這樣度過喔！去打高爾夫時很帥喔等等，用這種方法來提案。

「若可以導入這個的話，我覺得就能像這樣…地描繪未來。」

我也是用這樣的話術來對客戶做出「價值」的提案。

這點在營業人員個人的人格上也是一樣。要推銷自己，信賴關係是大前提，為此，要獲取對方的信賴。藉著讓對方看見想向他學習的態度，信賴關係應該會更加穩固才是。

第5章

為了更進一步地行動

38 用最少的行動獲得最大的回報

「用最少的行動來獲得最大的回報。」

這是作為經營者所必須完成的工作。但是，我覺得這種思考不只侷限於經營者，可說在所有的生意人身上都能適用。我自己也在二十歲的期間強烈地意識到了這點。

當製作一份份資料時，也是一邊思考「這個有沒有辦法運用在其他客戶身上呢？」，一邊推敲而成。理所當然地，是考慮著要提出的客戶而製作，但在核心的部分，應該也有重疊的地方才對。**想將它挪用或發展的這份靈活，我想能促進工作速度的提升。**

■ 增加與交易對象的「接觸次數」

在行動上，也可以說是一樣的。

舉個例子，就以上午要去拜訪東京車站附近的顧客，下午要去拜訪新橋車站附近的客戶的日子來說吧！這個時候，挑出位在東京和新橋之間的客戶，進一步到更遠的地方去。

不必約定見面，帶著想提案的資料、帶著生日禮物去，假如不在的話，就去放張名片。我仔細地做著這些動作。**坐在咖啡廳裡打發空下來的時段，是在浪費時間。**

包含那些稍微去拜訪一下的客戶的話，一天的訪問件數可以比別人多出兩到三倍。只是預先交付資料，並理所當然地在之後連絡的話，就成了一樁商談。

雖然也已經說過與上司溝通的頻率很重要，而這與客戶之間也一樣。**交易對象也是「生物」，所以為了掌握正在進行怎樣的變化，接觸的次數是很重要的。**

即使不進到接待室，在櫃台的閒聊中也能獲得有益的情報。

雖說次數很重要，但問題並不在數量，重要的是在頻繁的會面中能夠獲得多少情報。見面並不是目的，關鍵在於弄清楚經常變化的顧客狀態。有從競爭對手處接獲提案嗎？在組織內下了怎樣的決定呢？前去見面的話，就能將這些情報弄到手。

「因為剛好來到附近。」

用這句話開啟話題、站著閒聊，反而比起一本正經的會談還容易問到問題的一面。

我所放在心上的有這麼一句話。

「若想提升人與人關係的質，就去增加交流量，若不能看透那個人的習性就沒有意義。」

正是因為有了量，質才會提升。儘管如此，卻有許多人都誤解，以為只要用網路搜索的話就連量也能補足。但那個公司以現在進行式持續變化的部分，沒道理用網路就可以搜尋出來。

情報（搜尋結果），是至今一切的累積。若想要知曉現在的話，不直接見面去問問看是不會明白的，應該要預先理解這點。

一直以來我都思考著，能不能從眼前的人身上吸收到什麼。特別是與自己身處環境或感覺不同的人，會儘可能好好地說說話。直接與思考根基不同的人見面、談話，也能學到許多東西。

■真正重要的情報，在 Facebook 上是撿不到的

隨著時代的演變，以 Facebook 為首的 SNS 上可以看見交易對象的動向。而這被給予了過大的評價，讓人變得更加依賴搜索。

但是毫無疑問的，在只有當面才能說出口的事情中有著更重要的情報，能刊登在 Facebook 上的當前訊息，仔細一想應該就會明白，那早已是過去的情報了。

大概也有人用來散佈「假訊息」吧！

「現在，商品A非常有人氣！」

「現正致力於推銷A產品！」

雖然氣勢十足地這麼寫著，卻已經決定好要在三個月後推出更新版。「三個月後要推出更新版」的情報，在為公眾所知的 Facebook 上是沒辦法寫的。

但是在與有信賴的對象見面時就能說出口。當看了 Facebook 的其他競爭公司，帶來有關A商品的宣傳提案時，若得知了要改版的情報，就能做出符合那份焦點的提案，可以謀求與其他公司的差別化。

■重要的情報，可從表情和服裝來得知

重要的情報，也有以言語來表現會受到制約的情況。即便如此，當對方在眼前時，可以從表情等小地方來領會。這種覺察能力，也是要在與許多人的對話、詢問中才能培養出來。請再度認知到，**在Facebook上，是絕對讀不出表情的**。

不僅僅是表情，也有從服裝看出端倪的案例。平時打扮很隨意的人，當穿著正式時便是進攻的時機。

「今天有什麼事嗎？」

「嗯？怎麼說？」

「因為跟平常的服裝不一樣啊！」

「沒有啦，其實是……」

從這裡開啟交流。許多人將網路上的交談，誤解成了溝通，但我不覺得這樣就可以了。或許會覺得身體力行來拜訪客戶很老派，但在現實的生意場合中，這依然非常地有效。

只不過，有一點必須要注意。

增加訪問件數、累積訪問次數也好，議定率沒有提升的話就沒有意義。行動與確認決定的比率，必須要視為一組來進行。

為了用最少的行動獲得最大的回報，只滿足於單一的行動是不行的。要留意著聯繫起下次，並注意到所有的行動都像連鎖一樣是很重要的。而在這邊也很關鍵的，就是確認目標了。

39 「電話」比電子郵件更為有效的理由

在增加溝通頻率的這點上，電話也是相當有效的。

近來，大半的事都交由郵件來處理，正因這種傾向逐漸變得強烈，電話反倒顯得新鮮起來，也有這一層含意在。二十歲期間的我，身為營業人員所做的便是這樣的事。因為希望讓客戶對提案的內容下決定，於是想用電話來確認，但是太過頻繁地詢問會引人嫌惡，因此想好了在兩、三通的電話中，要有一次完全不涉及提案的事，只聊些閒話就結束。

也曾經把最初八成的時間限定在閒話，最後的兩成時間才詢問有關提案的內容。在電話的最後故作自然地，「話說回來，那個提案現在如何了呢？」來確認，這種程度的話，我想，不就能不惹人厭地去探聽了嗎？

■增加見面、談話次數來增添談話靈感

「所以有什麼事嗎？」

現在的年輕人不喜歡打電話閒聊，是因為有覺得別人會這麼想的心理。但我覺得這也是一種自以為是，其理由有二。

因為若平常就頻繁地見面，談話的靈感便會不斷地冒出來。反之，由於電話中的對話無法順利，所以對方也搞不清楚究竟是為什麼而打電話。

在Facebook之類的地方看到「去〇〇玩了啊？」，這樣隨意地說話不就可以了嗎？

「跟小朋友去〇〇玩。吃了〇〇。」

如果這麼寫的話就說「我也有去過那邊喔！」「那家餐廳看起來很好吃耶！」之類的，最後再「啊！話說回來……」像這樣來繼續的話，應該就能順利地進行對話才是。

由於講電話時，「有關上次的提案」像這樣一項一項誇張地鄭重其事，所以對方也才不得不擺出架式。不是用客戶與營業人員的關係，而是以人與人的關係來普通地對話就可以了。

會不得不用電話來催促契約的締結，是對方的回應太慢。**而回應之所以太慢，應該是對方有什麼負面因素才對**。打電話去對話也能夠來確認這點。正因為負面因素是對方難以開口之事，所以應該用閒話來緩解對方的情緒，製造出能毫無顧慮地開口的環境。

■ 無法順利與客戶繼續對話的理由

在不斷反覆閒聊電話的期間，由客戶提出話題的情況會漸漸增加。當自己這邊只打算講完鬆餅店的話題就結束時，對方也開始客氣地有所回應。

想變成這樣，首先必須要頻繁地見面。

只是用電話與信件所構築的關係，這種程度的對話是無法成立的。雖說迫於必須而打了電話，卻也經常無法順利持續對話而被擊沉。

這是原本就覺得會被擊沉而被擊沉的案例。因為沒有取得必要的溝通，所以是非常理所當然的結果。

我覺得若能把「見面」、「打電話」、「寄電子郵件」，以及「寄送信件或FAX」等行為分開來使用即可。

「這個人這次用電話了，所以下次用信件就可以吧！」

「因為上次是電話，這次就去見個面吧！」

去見面的時間、打電話的時間和送信件的時間等，全部確認並記錄。雖然日報當然也很要緊，但留下交流的日誌也是同等的重要。或許在日報中寫下這種情報也不失為一個做法。

40 效率良好地整理大量郵件的訣竅

為了加速成長，預先制定某些規則會比較好。

首先便是已經和各位說過的「個人規則」。對書感到猶豫就買、對衣服感到猶豫就不買——。藉由把判斷的標準規格化，就能提升決定的速度。

■任意驅使格式，並徹底活用使用者造詞詞庫

越是採取行動，與人相遇的機會也越是飛躍性地提升。當然，負責的客戶量也會單方面地持續提升，案件也不斷增長，連帶著辦公室事務也會逐漸變多，特別是電子郵件會驚人地增加。

為了讓處理電子郵件效率化，製作格式是必須的。為了讓對方在讀取的瞬間就能理解，準備好簡單易懂的格式，如文末的「※」，是想向對方加註訊息時所用，因而在郵件的製作上幾乎不會造成負擔。

在處理接收郵件的方法上也要製作好規則。

假設有一、兩百封的郵件，先一口氣瀏覽過，其中有必須回信的就按下回信鍵，實際上並不馬上回信，而按下草稿鍵讓它留存在信箱中。這是因為一封接著一封回信的話，就會變得沒有辦法去過目所有的信件。

決定好要回信而放入回信匣的郵件，使用紅色或橘色等顏色來區分。要用「我明白了」來回信的就用紅色，要用「非常感謝」來回信的就用黃色等像這樣來做標記。在信箱中製作出「重要」、「必須回信」等分類，隨著讀完就區分開來應對也是一種方法。

我**登錄了相當數量的常用詞句在使用者造詞詞庫裡**。輸入代碼的話就會出現諸如「非常感謝」、「您辛苦了」、「請多多指教」等常用詞語，設定成一鍵就能打出來。

請在所有的工作上都留意著速度。被委託工作時，即使只回覆「我明白了」，也應該儘早地做出回應。光是回信慢了，受到委託的工作就會逐漸減少。

先提出日程並不失禮

為了降低與對方工作往來的頻率，也下足了苦心。在見面的確定上，也交由己方以三十分鐘為單位來探詢。

「什麼時候方便呢？請提出兩到三個候補時間吧！」這是在調整日程時經常出現的來往，此種做法可以說是相當無益。要是不由己方提出設定好的時間日期，工作上的往來就會變得很繁複。設定見面時，不要讓自己成為被動的一方，為此，由己方來積極地提出日期與時間是很重要的。

「○日×時（點）、○日×時、○日×時的話意下如何？若是這幾天都不方便的話，能由您指定便太好了！」

這麼做的話，對方只要在指定的三個候補日期中確認一下行程就可以完成。要是哪一天都不方便的話，便會以指定自己方便的日期作結。

希望能認知到這並不是要對方變主動，而是使對方容易做出回應的特意安排。所謂的體恤，便是儘可能地減少對方的負擔。

因為是由己方來請求見面，先詢問對方方便的時間才是禮貌，這是個很大的誤解。與其交給繁忙的對方，還不如由我們來提出日程比較好。這也是搞混了客套和體恤。

制定規則，是為了提升更有價值的工作量。

年輕時，特別是量的累積，必須將其轉變為質的累積。只要沒有意識到效率化地大量處理工作這點，就沒辦法將量轉換為質。

41 思考自己能為團隊做的事

業績是不可能總是如意達成的。正是這種追不上業績數字的時候，才更要展露出有精神的笑容，我將這點牢記在心。

在難受時說出「好痛苦」是很簡單的，但是當有其他人一樣感受著痛苦時，假如連自己也露出難過的模樣，整個團隊的士氣就會下降。正是這種時候，更要來信心喊話：

「可以的，沒問題！」「放輕鬆！」

雖然內心很不安，但還是說著「把之後的業績也一起算進來了所以沒問題的」。而實際上，根本沒有算在裡面。之所以這樣說，是因為也曾遇過一個月內把目標向上修改三次的情況。但是，我依然保持著平常心。

「目標被提高，坂本真是可憐啊！」

並不想要人家的同情，不如說心底更希望能讓人說出「坂本還真厲害，因為有那種傢伙，我也要加油」這樣的話。**為了儘可能地理解賦予自己的任務和意義，經常考慮到為了提升組織水準而自己所能做到的事。**而可以應對變化狀況的力量是不可或缺的。

■在會議中，不要低估自己的意見來進行發言

以新鮮人為首，在會議中無法說出自己所想之事的年輕人，不管在哪家公司都有吧！對那樣的人，會儘可能地像這樣跟他們說些話：

「你現在沒把想到的事情說出口，而這並不只對你，對周圍的人也會造成損失。所以，希望你能把所有想到的事都說出來。」

「只不過，要是說完意見就沒了下文，那不過就是個旁觀者。一定要把意見與行動看成一組，在說出意見之後，也要提出改善點以及行動來。」

許多人都低估了自己的意見。

不要覺得年輕的自己的意見，不是什麼大不了的東西，希望把自己的意見也想成有重要之處，首先對想到的事情做發言。而這要怎麼下判斷，則交給現場的其他人來決定，只要有這種認知就好。

自己的意見正確與否，是發言完讓其他人得知後才能夠判斷。不斷地發言，也有能琢磨自己意見的可能性。

年輕時的我對會議下了這樣的決心：

「自參加起，總要發言一次以上！」

因為很羞恥而不發言、其他人會提到所以不說也沒關係吧？這類的心態是不行的。

「首先要自己來發言、自己來行動，並且自己開創出市場。」

這對成長來說是不可缺少的意識。

年輕時就留意到會議中的發言，就變得能去思考說怎樣的內容會比較好。這是讓思考往全體事業、公司整體課題去留意的第一步。因此，希望能認為自己的意見，對公司來說有重大的價值。

會議是商業技能的展覽場

我把會議看作是連結自己成長的商業技能展覽場。

當看著前輩的報告，若覺得水準很高的話，那便是學習資料的製作方法或傳達方法的機會。有位比我早一期的前輩，他所用的是先報告結論，之後再來說明細節的報告風格。從此之後，我也開始「結論優先」了。

也有一張幻燈片不用超過二十個字為規則的前輩，對他的幻燈片有看起來非常輕鬆的記憶。或者是不用文字，只用插圖或設計來表現的人。會議結束後，我便拜託那位前輩：「因為想拿來當格式的範本，能跟你要資料嗎？」

即使報告的資料，應該也有許多可以偷學的部分。資料也好發言也好，我覺得，**在會議的場合中，注目在所有參加者的舉手投足上，並想著有沒有東西能偷學，這種觀點是非常重要的。**

42 由自己來婉拒「把自己當年輕人看待」

還記得NBA的前巨星麥可喬丹嗎？

要是他不是生活在美國而是在義大利，就無法成為那樣的超級巨星了吧？可能只會是個「時髦而喜歡雪茄的高個子」也說不定。

雖然忘記了是誰說的，但是曾聽過這樣的話：

「請試著想像十個自己的朋友、認識的人或周圍的人。這十個人的平均值，就是你的年收入。」

這句話是在說明由自己來改變環境是很重要的。總之要改變環境，與高水準的人來往之意。

我則有更進一步的想法。

即使是氣味相投的同伴，也有一旦談話的內容不合，來往就突然斷絕的情況。這個時候便感到——讓自己擁有推測未來的觀點，藉此來提升同伴們變得非常重要。**自己有上進心的話，身邊的人也會改變**。就像被持續成長的人所吸引，更加地聚集起人群。聚集人群、讓人成長，藉此使企業更進一步地發展。

若身旁十個人的平均值是自己的年收入的話，自己是處在能讓那十個人平均值提升的立場嗎？這點非常重要。

Cyber Agent 時期，**雖然理所當然地達成了被指派的業績，但我仍經常留意著自己所屬的大阪分公司整體的目標數字**。

「對大阪分公司來說，要達成還需要多少程度呢？」

在會議的場合或公司樓層中，讓周圍的人也能聽見般，如此地詢問了分公司的總經理。這是因為想著若能超越團隊讓大阪分公司熱鬧起來，就能擴大到整個 Cyber Agent。

跳過了團隊而著眼於分公司上，這是因為本來我所擔當的業績就不是那麼低，如果能達成我個人的業績，團隊也就能達成，所以，養成了看著眼前更上一層組織的習慣。

團隊或分公司中，一定有達不到業績的人。

「為什麼達不到業績呢？」

年輕的我無法說出這種傲慢的話，真的要說的話，比起言語我是更看重以行動來示人的類型。**在自己的想法中，我認為能為整個組織帶來氣勢的就是「用行動來讓大家看見」這點。**

「明明業績都達成了還那麼拼命，那傢伙在搞什麼？」

比誰都早地進到公司製作資料或處理作業，白天為了業務來回奔走，並一直努力到夜深。我認為，當別人看見這努力的模樣，就會產生「不能輸」的想法，若能像這樣讓每一個人的覺悟有所轉變的話，就會為沒有達成業績的人帶來鼓舞，平均值就能有所提升。

■ 年資一年也好十年也好，給予組織的影響是不會變的

新鮮人進入公司後，周遭的人也把他們當新鮮人來看待。我想，有許多人也自認為「我才只是第一年」，但這是很荒謬的。

就以職業足球的領域，有個剛從高中畢業的十八歲年輕人加入了隊伍來說吧！在隊伍中有位四十七歲的「王牌」。但就算說還年輕，評判的基準也不會與王牌有所不同。

在運動的世界中，只要上場比賽就都是平等的。

「那傢伙還只是第一年，所以失誤了也沒關係。」

才不會有這種事。**出了社會的瞬間，「標準」就是一樣的**。在相同的尺度下要怎麼來奮鬥，不好好地考慮不行。

「因為剛畢業所以還早。」

這既是藉口，也是縱容自己。

今年三十二歲的我，現在也已經是負責人了。若純論頭銜的話，與軟體銀行的孫先生是一樣的。而對公司所擔負的責任，不管是孫先生還是我都沒有任何的不同。

如果是這樣，若不偷學孫先生是想著什麼來經營的話，就永遠都到不了那個水準。

因為年輕所以沒關係，這種想法是無法成長的。

■由自己來婉拒「把自己當年輕人看待」

當說著新鮮人的那一刻起，就只以自己特有的標準來衡量。被人說因為是新鮮人的時候，心中某處就會偷安下來，想著今年做不出成果也沒關係，好好努力之後明年再做出成果就好。

我不相信「從○○之後再開始」這句話，說了也絕對不會去做的。**在當下自己選擇了迴避風險的人，我不認為在經過一段時間後就能做出挑戰風險的事**。

因為是第一年所以沒辦法，這種來自周圍的寬容也是成長的妨礙。與其這樣，說不定在被上司說「因為你剛畢業」、「因為是第一年」時，做出拒絕還比較好。

「請不要把我當成剛畢業的學生。」

「不要把我當成小伙子，請用相同的標準來看待吧！」

在這樣的宣告之後責任感會油然而生，若是產生了責任感，行動也會有所轉變。

大概在可以這麼想並有著這種心態的當下，就已經整頓好能比人更快成長的土壤了。技能的進步，我覺得是在觀點和意識先向上提升之後才開始跟上來的。

我所重視的，是**「才能的差距是五倍，認知的差距是一百倍」**這句話。

新鮮人與年資十年的職員之間，或許能力的差距有五倍，但若有想勝過那個職員的意識，我覺得就能贏過他。要說為什麼的話，這是因為拚了命地去思考為了獲勝的因素，而得以找出十年年資的職員所做不到的事。

若能做到這點的話，必定能做出一百倍的成果。要是年輕人能做出一百倍的成果，周圍的平均值也會提升吧！

43 讓上司得勝，也會回報到自己身上

從進公司第一年起，我便一直覺得將成果貢獻給上司，也會為自己帶來回報。所謂的回報就是工作，新的並且難度更高的工作將會接連不斷地到來。

這與讓顧客得勝就能贏得信賴是一樣的，讓上司勝出的話就會受到上司喜愛。當人與人聯繫起來時，就能獲得別人「只要拜託坂本的話，他就會介紹給我這樣的人才」這種想法，也有連鎖性地將人脈擴展開來的情況。

能獲得上面的人賞識，往往會被誤認是不是在什麼地方巴結了上司，然而並不是如此。要是能被上司賞識，總有一天會回報到自己身上。例如當那個上司獲得了崇高的地位時，被他委任重大客戶的機會也不會少。

■被上司賞識的最大秘訣

其實，要被上司喜歡，成長是不可獲缺的。這點意外地似乎不被人重視。**被喜歡的最大秘訣就是做出成果。**

也有進行密切的溝通來獲得上司歡心的見解，而那樣的人也必定在某個時機可以做出成果才對。這個結果並不是只有達成業績，也包含了人才的介紹。

如此一來便能讓對方願意試著也把下次的機會交給他。別人會覺得，因為在得出成果時已經建構好活用自己的資源和規則的模式，所以能得出同樣的結果吧！像這樣抱持著期待。得出成果的人脈，很容易就能連結起其他人，正因為如此，重要的是獲得成果，做出成績的人可以進入能更輕易取得成果的循環中。

讓上司勝出，也與習慣上司的視角有所連結。

因為藉由率先領受了上司所說的事，變得可以理解上司的想法。當意識到了這點，一切便會反饋到自己的工作上。

想讓上司勝出，若沒有理解上司所委任的業績和任務是辦不到的，我為了要理解這點而頻繁地跟上司一起去喝酒。不特別去喝酒也沒關係，但是二十四小時都和上司一起行動的話，應該就能好好理解上司的想法才對。

要是真的理解了上司的想法，連說話都會變得類似。剛進公司時的上司，是個每隔一分鐘就會問「數字呢？」、「數字呢？」的人。我覺得上司並不是為了要給我壓力，而是為了和我取得溝通才這麼做。現在我也時常說著「數字呢？」「數字呢？」這與當時的上司一樣，是在等待著部下的提問。

■ 工作，是以全人格來決勝負

在考慮與上司的溝通時，一定會碰上瓶頸。現在的年輕人們，有將工作歸工作，個人歸個人的傾向。

我覺得，可以通過工作來砥礪一個人，而這也能與充實個人部分有所連結，因此沒辦法接受將工作與個人分開的觀點。

因為工作的另一個說法是「仕事」（服務之事），所以才想與個人區分開也說不定。若是把工作當成「志事」（志向之事）的話，我想現在所做的事既能成為生活的食糧，也能讓自己進入振奮的狀態中。

能做到這樣的話，一切的事物不就都變得很有趣了嗎？**為了享受人生，不是「工作還是個人」，而是「工作也要個人也要」**。歸根究柢，因為工作是以全人格來決勝負的緣故。

我既想要賭上人生來留下生存過的證據，也覺得這便是我的「志事」，所以用盡全力來行動。

我想大概當回首人生時，能留下的東西就是記憶或記錄了。用這樣的生活方式的話，不就不必去區分工作與個人了嗎？

44 要活用「良好的資質」，除行動外別無其他

前面已經說過，被上司賞識的最大秘訣就是得出成果，而作為經營者的我，也覺得做出成果的成員們很討人喜愛。反倒是對明明很優秀、腦袋也很好，卻做不出成果的成員們，很難把工作指派給他們。

最近把「資質良好」看成是一個評價基準。

對公司來說，雖然採用了資質良好的人，但當那些人到了工作的現場，卻只懂得搬弄理論而做不出成果。這點，我想是現在的上司們共同的煩惱。

對於資質良好卻做不出成果的人，我則留意著「將細小的成功，像小石頭一樣在他面前堆疊起來」。

■ 成功經驗是邁向下個層次的踏板

有位藉由職業招募（*譯註十一）進入公司，曾在大企業中活躍過的成員。這個職員，只顧著用腦袋思考而沒有伴隨著行動，因而沒能做出成果來。這種類型的人，要先改變認知才會轉向行動，而行動會逐漸轉變為成果，所以首先要給予他成功的體驗，從改變意識開始做起。

如預料般，他讓工作成功了，但是一達成後就變得過度自信，像是要變成天狗一般。這樣下去可不行，這麼想的我交付給他更巨大的工作，老實說，那工作是他所無法完成的等級，這麼做的目的，是要折斷他驕傲的鼻子。

他為周圍的人帶來了麻煩，並且終於開始反省，也開始注意到在工作上仍有許多細節深奧的部分。

藉由熟知許多事物來取得成果，許多人誤以為這樣就結束了。**但並非在得出成果的階段就結束，是要把自己向上提升，直到能把經常得出成果的可重複性也到手為止。**

*譯註十一：有別於錄用剛畢業的新鮮人，招募企業所需的人才，對該職務有一定的經驗或知識。

45 「成功之後再邁向下個階段」是天大的誤解

往往有許多人會想著「A成功之後再來做B」。

比如說，在想要開展海外事業的時候，會有在日本成功之後再向海外發展的想法。我不曾抱持著「～之後再來做」的想法，想向印尼發展時所考慮的，也不是在日本成功之後再來進行，而是由於日本與海外同時進行的做法比較有益的觀念。

不馬上行動而想著「～之後再來做」躊躇的這段期間，被其他公司搶先的話，生意就泡湯了。也可以認為是在磨磨蹭蹭的期間內，直至昨天都還有的市場就要沒有了。

如果有可以行動、實行的環境，我想在做出成果之前就開始行動會來得更好。

這種「～之後再來」的想法，不外乎是從過去的經驗中持續輸入了「讓A成功後再來做B」的事例之故。

「同時進行的話會怎麼樣呢？」

越是能轉變成不同以往的想法越好，當你覺得「想要～」的話，馬上展開行動就對了。

這種**「A成功後再做B」的想法，是已經邁入B的階段後才開始能這麼說的，也就是結果論**。雖然似乎許多人都覺得「若不讓A成功，就沒辦法向B前進」，但是通往B的道路是各式各樣的。儘管如此，許多人卻只能設想到經由A來前進的方法。

我覺得去思考更多的方案會來得更好，為了獲得成功，做法不是只有一種，而能選擇的路線也不會只有一條。

■ 問題要由自己來發現

以現在年輕人的傾向來說，有想在被人教導之後才來做之嫌。

「因為沒有人教我，所以做不到。」

也有面不改色地說出這種話的人。就我來說的話，會想對他說「先去做做看吧！」。

在這個不能創造出新市場就無法存活下去的時代中，只要還是以因為沒人教所以做不到的心態來工作的話，就不可能創造出新的市場。

我的強項就是能找出問題。

發現問題能力的高低，是領導能力的基本條件，當就任要職後才開始想去掌握的話，已經為時已晚了。希望各位能從年輕時就養成這個習慣。

現在的年輕人只被教導了引導出問題正確答案的流程。

然而，那些年輕人們應該比我們這一世代有更多的思考能力才對。希望首先要採取行動，並且抱持著去找出問題的心態，這樣一來，我想就會變得可以盡情地發揮自己所擁有的能力。

才能的差距是五倍，認知的差距是一百倍——寫在最後

去海外旅行的話，就能遇見多樣的人種和生活型態。

我去印尼旅行時，親眼看見了有大量的人因貧困而無法取得食物的情景。

與我生活在同一個時代，只是被生下來的地方不同生活竟然就有如此不同嗎？我深深感到震驚。映入自己眼簾的光景，那份震撼，對自認已經從新聞或電視報導中了解的我，帶來了很大的衝擊。

甚至會覺得身處在日本，這個放眼世界也是為數不多的富裕國家中卻無法完成什麼事業，那活著的存在價值不就降低了嗎？

從那之後，變得強烈想要留下生存過的證據，不管是記錄也好還是記憶也好。

為此，作為最初的一步以及最大的武器，那便是「行動」。我相信，在行動之後，

一切才正要開始。

許多人明明都擁有成就大事的可能性，卻感覺像沒有在活用那份可能性。能否活用那份可能性是取決於行動的。

在工作中成果的差距，是由行動的差距來決定。而要填補這個差距，必要的不是能力，而是為了連結起行動，所抱持的認知。

「才能的差距是五倍，認知的差距是一百倍。」

這是我的主張。

我打從心底期盼著，在讀完本書之後，改變了認知並且能夠接連不斷去行動的人，可以在年輕世代中增加，進一步將影響擴及到世界上。

對與自己相同世代的人以及緊接著下個世代的人們，則希望可以轉動起一個迴圈，一個盡力地生活、行動、失敗，而從中獲得了啟發並將其發揚光大的迴圈。

比起考慮些有的沒的而不去行動，只要行動之後再來留意就好。然後，希望這個社會能成為即便犯下巨大失敗也能容許的環境，並且想肩負起打造出這種社會的任務。

我想，不去認真行動的零勝零敗人生非常無聊。

持續行動，能看見的景色便會改變，而人生也會逐漸改變。

我自己也還只是個向上發展中，不成熟的人。我想，今後也要做出巨大的挑戰，並為社會帶來大幅的影響。

這本書成書之際，想對許多人表達感謝的心情。

為我灌輸了許多作為社會人士基礎的 Cyber Agent 的各位，以及相信我而跟隨著我的 Rich Media 的成員，還有客戶以及至今與我相遇的所有人，致以由衷的感謝。

然後，比起什麼都重要的是願意讀到最後的各位讀者，在表達心中感謝的同時，也祝您今後更加地活躍。

交給我吧！

坂本幸藏

Rich Media股份有限公司CEO。1982年生，於攝南大學畢業後，2006年4月進入Cyber Agent。在販賣網路廣告的營業額上，留下了一個月內突破一億元的成績，並為同公司史上第一次，連續稱霸上、下期新人獎之人。這種不像新人的成績獲得了好評，在第二年被拔擢為子公司CA Technology的幹部（在當時企業組織中為史上最年少），讓Cyber Agent集團的核心事業成長為最頂尖的SEO企業。2010年6月獨立出來創立了Rich Media，經手了提供網路服務的「肌膚照護大學」、「KamiMado」以及網頁的製作，並入選了『新興企業通訊』月刊中所主辦的「最佳100新興企業」，作為一家急遽成長的新興企業而受到世人矚目。

作者部落格『「交給我先生」的感謝blog』
http://ameblo.jp/jibunnjisinn/

TITLE

疾如風職場成功行動學

STAFF

出版	瑞昇文化事業股份有限公司
作者	坂本幸藏
譯者	張俊翰
總編輯	郭湘齡
文字編輯	黃美玉　黃思婷　莊薇熙
美術編輯	謝彥如
排版	曾兆珩
製版	大亞彩色印刷製版股份有限公司
印刷	桂林彩色印刷股份有限公司 紘億彩色印刷有限公司
法律顧問	經兆國際法律事務所　黃沛聲律師
戶名	瑞昇文化事業股份有限公司
劃撥帳號	19598343
地址	新北市中和區景平路464巷2弄1-4號
電話	(02)2945-3191
傳真	(02)2945-3190
網址	www.rising-books.com.tw
Mail	resing@ms34.hinet.net
初版日期	2016年4月
定價	250元

ORIGINAL JAPANESE EDITION STAFF

編集協力	新田匡央
カバーデザイン	中村勝紀（TOKYO LAND）
DTP	一企画

國家圖書館出版品預行編目資料

疾如風職場成功行動學 / 坂本幸藏作；張俊翰譯. -- 初版. -- 新北市：瑞昇文化, 2016.03
208　面；14.8X21　公分
ISBN 978-986-401-084-4(平裝)

1.職場成功法

494.35　　105002583